JN075959

Python チュートリアル
第4版

Guido van Rossum　著

鴨澤 眞夫　訳

Python Tutorial

Guido van Rossum

Fred L. Drake, Jr., editor

Python Software Foundation
Email: docs@python.org

Release 3.9.0

訳者まえがき

『Pythonチュートリアル』は、もともとはPython作者のGuido van Rossum自身が書いたソース添付のドキュメントが次第に発展してきたものである。日本語版は以前からコミュニティ訳が存在したが、本書は理解しやすさを追求し、当初Release 2.5時代にオライリー・ジャパン伊藤篤編集長（当時）の企画により出版された。Python 3に対応した第2版、3.5に対応した第3版と版を重ねてきたが、今回の第4版はPython 2シリーズの廃止と3.9.0のリリースといった事情に合わせて改稿出版するものである。

Pythonは理解しやすい言語だ。「動作する擬似コード」とまで言われる読みやすさにより、たとえまったくの初心者だとしてもコードが読め、コードリーディングで得られる経験値を最大限に高めてくれる。

それでも「入門書」であるこのチュートリアルが存在するのは、Python独特の事情がある。仕様が小さく、文法やセマンティクスはとても理解しやすいPythonだが、すみずみに強いクセを持ち、裏にある考え方がわかっていないと飲み込みにくいところがあるのだ。これらは読んでいるときは気が付かず、書き始めると疑問になる性質のものが多い。

名前空間、オブジェクトモデル、反復、インデックス、特殊メソッドによるオブジェクト修飾といったその奇妙なコアを、コンパクトにわかりやすく解説しているのがこの文書である。つまりこのチュートリアルの大きな特徴は、まったくの初心者のみならず、他の言語の経験者がPythonをマスターするために必要なポイントが、しっかり押さえられていることにある。

出版に際しては、初心者の日本人が引っかかりやすい部分、つまりインタープリタの吐く英語や、日本語の扱いなどについて補足を入れた。英語のまま流通しがちなプログラミング上の概念も、非プログラマーを含めて日本人なら雰囲気がつかめるよう

に、妥当なぎりぎりの日本語に翻訳してある。訳は工夫したつもりだが、どの程度成功したか知らない。概念そのものが難しければ解説を補った。

「概要」にもある通り、本書を読めばPythonプログラムを一通り読み書きできるようになっている。このため初心者に限らず、一度通読されたほうがよいが、歴史的な経緯により退屈な部分もあるので、得るものが大きくなるようにお勧めの読み方を以下に書く。

初心者の方がPythonプログラムを支障なく読めるようになるには：

- **1章、2章**は軽く流す。
- **3章**は例を読んでいけば大体わかると思うが、「3.1.2　文字列」の後半、インデックスまわりの話は他のシーケンス型にも共通の情報なので、よく納得しておくとプログラムを読むのが楽になる。特にスライスの覚え方は大事だ。
- **4章**は機能の羅列に見えてくる部分なので、「4.5　pass文」までは、いいかげんに流してよい。「4.6　関数の定義」、「4.7　さらに関数定義について」は関数まわりの大事な部分なのでちゃんと読む。
- **5章**は軽く目を通しておくだけでよい。こんな機能があるんだな、とわかれば、ソースコードを読む上で支障がなくなる。「5.1.3　リスト内包」、「5.1.4　入れ子のリスト内包」のリスト内包の解説は、この機能の導入の経緯に由来する語順のわかりにくさを補うため、「E.2　内包がわからぬ」を読んでいただきたい。
- **6章**で大事なのは「6.1.2　モジュールの検索パス」までと「6.3　dir()関数」（dir()は知らなきゃ話にならない）。あとはざっと流す。「6.4　パッケージ」の後半などは、パッケージをインポートする際のセマンティクスについて知りたくなったら読む部分で、初心者にとっては、まったくどうでもよい。
- **7章、8章**も機能の存在を知っておけばよい部分。ざっと流す。
- **9章**は大事なところだが、始めのほうは言語マニア向けなのでとっつきが悪いかもしれない。きわめて重要な部分は「9.2　Pythonのスコープと名前空間」から「9.5　継承」までだ。「9.2　Pythonのスコープと名前空間」はPythonの特徴的な名前空間概念の解説なので、少なくとも目を通しておこう。ちなみに「9.3　はじめてのクラス」から「9.5　継承」まではクラスの基本である。
- **10章**はざっと目を通し、**11章**は飛ばしてよい。
- **12章**はPythonを実地に活用する際にとても重要な情報だ。言語機能の学習とは別に知っておいたほうがいい。

- 13章はオンライン情報について書いてあるので役立つと思う。14章から先は付録的だが、「14.1 タブ補完とヒストリ編集」は使えないと不便なので設定しておこう。また16章は12章同様に言語機能の学習とは別に役立つ話なので、目を通しておく。

繰り返すが、Pythonは読みやすい言語である。ここまで読めば、あとはコードを読んでいくことでいくらでも学習が進むし、どんどん使えるようになると思う。ある程度慣れてきたら、中級者として本書に戻ってきていただきたい。ちょっと驚くような発見があるはずだ。

中級者の方は：

- まず5章をおさらいするのがよいと思う。listのメソッドには便利なものがいろいろあるし、dictがキーワード引数で構築できることを知らない中級者はずいぶん多い。
- 6章は自分でモジュールを書く際に調べておくと楽ができる。
- 7章、8章も、おさらいすると得をする。
- 9章は「9.2 Pythonのスコープと名前空間」をぜひ読むべし!! クラスまわりのセマンティクスについても読んでおくと役に立つ。
- 10章はおさらい。11章は目を通しておくと、「明日のため」（のその1）になるかも。
- 15章はIEEE-754の2進浮動小数点数（754double）まわりについて一般的に書いてある部分で、Pythonに限らない知識をPythonでわかりやすく解説してくれているので、読むとお得である。

他の言語のエキスパートでPythonをざっと知りたい方は：

- 3章の例を眺め、
- 4章に目を通し（関数まわりは興味を持っていただけるはず）、
- 7章も少しPython特有なので眺めていただき、
- 8章でPythonの例外マニアっぷりを感じて、
- 9章はPythonの名前空間やオブジェクトまわりを楽しんでほしい。

これで相当な部分を把握していただけるはずである。10章、11章は「何ができる

か」の参考になるかもしれない。

　さて、現在の Python の舞台裏は名前空間と特殊メソッドだけでできている……と言えば過言になるかもしれないが、これらは非常に大事な概念だ。Python はかなりの部分をオブジェクトと特殊メソッドで実装してある言語であり、これらにコンテキストを与えるのが名前空間なのだ。しかし名前空間を意識しないで使っている方は多い。普通はそれでも困らないからだ。ところが名前空間を理解すれば、具体的には「9.2　Python のスコープと名前空間」を読むだけで、言語の他の部分の理解は必ず進む。これはこの本のキモかもしれないので、ぜひ読んでいただきたい。

　今回の改訂にあたってはオライリー・ジャパンの浅見有里氏のお世話になった。初版の訳出と校正にあたって大きな貢献をしてくれた當山仁健、瀬戸口久雄の両氏、2代目編集者の大越真弓氏、そして元々の企画者である伊藤篤氏の粘り強いバックアップにより、このようなわかりやすい書籍が仕上がり、継続していることをクレジットしておく。みなさま、ありがとうございました。

2020 年 10 月 25 日

鴨澤 眞夫

凡例

- 「引用符」は一般名詞として引用符全般のことを、「シングルクォート」は「'」、「ダブルクォート」は「"」の単一のキャラクタを指す用語として使っているのに対し、「トリプルクォート」は「'''」または「"""」を示す用語として使っている。

- mutable、immutable、iterable、callable など、Python によくある「〜able」なオブジェクトは、名詞としての実体があるので「可変体」「反復可能体」など「〜体」を付けて訳したが、形容詞として使われたときは「可変（オブジェクト）」、「（〜は）反復可能」など、「〜体」を省いている。

概　要

　Python は簡単に学べる強力なプログラム言語である。高水準のデータ構造をも
ち、オブジェクト指向プログラミングにシンプルだが効果的なアプローチをとる。
Python は、そのエレガントな構文や動的型付けが、インタープリタ言語の性質とあ
いまって、ほとんどのプラットフォームで、また多くの分野において、スクリプト作
成や RAD（迅速なアプリケーション開発）に理想的な言語となっている。

　Python インタープリタと膨大な標準ライブラリは、Python ウェブサイト
（https://www.python.org/）からソース形式で、およびあらゆる主要プラットフォー
ムのバイナリ形式でダウンロードできるし、自由に配布もできる。またこのサイトに
は、サードパーティからフリーで入手できる数多くの Python モジュール、プログラ
ム、ツール、追加ドキュメントへのポインタや実物がある。

　Python インタープリタは、C や C++（および C からコールできる言語）で関数や
データ型を実装することで、簡単に拡張できる。カスタマイズ可能なアプリケーショ
ンの拡張言語にも適している。

　このチュートリアルでは、Python の言語とシステムの基本的な機能やコンセプト
を、形式にこだわらないで紹介する。例を試すのに Python インタープリタがあると
便利だが、すべての例は完結した形で示してあるので、オフラインで読むだけでも構
わない。

　標準オブジェクトやモジュールについての解説は、オンラインの The Python
Standard Library（『Python 標準ライブラリ』）を参照されたい。The Python
Language Reference（『Python 言語リファレンス』）は、より正式な言語定義を
与えるものである。C や C++ で拡張を書くには、Extending and Embedding the
Python Interpreter（『Python インタプリタの拡張と埋め込み』）および Python/C
API Reference Manual（『Python/C API リファレンスマニュアル』）を参照された

い。ほかにPythonを詳しく取り上げた書籍もある。

　このチュートリアルは、個々の機能を取り上げた包括的なものを目指しておらず、よく使う機能すらすべてはカバーしていない。むしろ特徴的な機能を数多く紹介することで、言語の雰囲気とスタイルを掴んでもらおうとするものなのだ。これさえ読めば、Pythonのモジュールやプログラムは読み書きできるようになるし、『Python標準ライブラリ』で解説されるさまざまなモジュールについて、詳しく学ぶ準備が整うのである。

　付録の「用語」もまた通読の価値があるだろう。

表記上のルール

本書では、次に示す表記上のルールに従う。

太字
　新しい用語、強調やキーワードフレーズを表す。

等幅（`Constant width`）
　プログラムのコード、コマンド、変数や関数名、環境変数などのプログラム要素、ファイルの内容、コマンドからの出力を表す。その断片（変数、関数、キーワードなど）を本文中から参照する場合にも使われる。

ヒントや助言を表す。

興味深い事柄に関する補足を表す。

ライブラリのバグやしばしば発生する問題などのような、注意あるいは警告を表す。

目　次

1章
食欲をそそってみようか

　コンピュータで多くの仕事をする人であれば、自動化したいタスクがどうしても出てくるものだ。それはつまり、数多くのテキストファイルに検索置換をかけたいとか、複雑なやり方で一連の写真のファイル名を変えて整理し直したい、などといったことであり、小さなカスタムデータベースや、特殊なGUIアプリケーション、簡単なゲームを書きたいという人もあるかもしれない。

　プロフェッショナルなソフトウェア開発者であれば、C/C++/Javaライブラリを使わなければならないけれど、通常のコーディング/コンパイル/テスト/再コンパイルというサイクルが遅すぎる、と感じているかもしれない。ライブラリ用にテストスイートを書いていて、テストコードを書き続けるのにうんざりしているかもしれない。あるいは、拡張言語を使えるプログラムを書いているけど、まったく新しい言語を設計・実装するのは嫌だと思っているかもしれない。

　Pythonは、そんなあなたのための言語である。

　UNIXシェルスクリプトやWindowsバッチファイルを書けば、そうしたタスクの一部はこなせるだろうが、シェルスクリプトはファイルの間を動き回ってテキストデータを変更するのに適しているのであり、GUIアプリケーションやゲームには、あまり向いてない。C/C++/Javaプログラムを書いてもよいが、最初の下書きのようなプログラムを出すのにさえ長い開発時間がかかるだろう。しかしPythonなら、WindowsでもMac OS XでもUNIXでも簡単に使え、仕事がはやく終わるようになる。

　Pythonは簡単に使えるとはいえ、本物のプログラム言語であり、シェルスクリプトやバッチファイルに比べると、大きなプログラムを書くために提供された構造やサポートがはるかに多い。そのうえ、エラーチェック機構ははるかに多く、また超高水準言語として、柔軟な配列や集合、ディクショナリといった、非常に高水準のデータ型を組み込みで持つ。データ型の一般性が高いため、Pythonの対応可能な問題領域

はAwkよりもずっと広く、Perlと比べてさえ広く、その上、たいていのことは他の言語と同程度以上に簡単にできる。

Pythonで書いたプログラムは、モジュール群に分割して再利用が可能だ。言語に付属した膨大な標準モジュールは、あなたのプログラムの基礎になる——または、Pythonプログラミングを学ぶときの用例になる。こうしたモジュールの中には、ファイルI/O、システムコール、ソケット、さらにはTkなどのグラフィカルユーザーインターフェイス・ツールキットのインターフェイスまでをも提供するものがある。

Pythonはインタープリタ言語であり、コンパイルもリンクも必要でないため、プログラム開発における時間をかなり節約してくれる。インタープリタは対話的に使うことも可能であり、これにより言語機能の実験や、使い捨てのプログラムを書くこと、ボトムアップ開発時に関数をテストすることが容易になっているし、手軽な電卓にもなる。

Pythonはプログラムを小さく読みやすく書ける。Pythonで書いたプログラムは同等のC、C++、Javaプログラムよりもずっと短いのが普通だ。これにはいくつか理由がある：

- 高水準のデータ型が、複雑な操作を単一文で表記することを可能にしている
- 文のグルーピングは、カッコで囲うことでなくインデントで行われる
- 変数や引数の宣言が不要

Pythonは拡張可能である。つまり、Cでプログラムが書ける人であれば、ビルトインの関数やモジュールをインタープリタに追加することは容易なので、重要な処理を最高速で行ったり、バイナリ形式でしか使えないライブラリ（ベンダー固有のグラフィックライブラリなど）とPythonプログラムをリンクすることができる。本気になれば、Cで書いたアプリケーションにPythonインタープリタをリンクで入れ込み、拡張言語や命令処理言語として使うことすら可能だ。

ところで、この言語の名前の由来はBBCのテレビ番組『Monty Python's Flying Circus』であり、爬虫類とは関係ない。ドキュメントにMonty Pythonのスケッチへの言及を含めることは許されている……どころではなく、絶賛推奨中だ！

さてさて、Pythonをもっとよくよくお知りになりたいご様子だ。言語を学ぶには使うのが一番だから、チュートリアルはPythonインタープリタで遊びながら読むようにしてある。

次の章はインタープリタの使い方である。ちょっと平凡ではあるが、のちのち用例

を試していくのに不可欠な知識だ。

その後の各章ではPythonの言語とシステムのさまざまな機能を、用例を通じて紹介する。単純な式、文、データ型から始めて、関数やモジュール、さらには、例外やユーザー定義クラスといった高等な概念にまで言及するつもりである。

2章
Pythonインタープリタの使い方

2.1　インタープリタの起動

インタープリタが使えるようになっている場合、通常は/usr/local/bin/python3.9としてインストールされている。だからUNIXシェルのサーチパスに/usr/local/binが入れてあれば、シェルで

```
python3.9
```

と入力するだけで起動できる[†1]。インタープリタを置くディレクトリはインストール時に指定するものなので、他の場所にあることもある。システム管理者かPythonのグル（師）に聞くとよい（たとえば/usr/bin/pythonというのもよくある）。

マイクロソフトストアからPythonをインストールしたマシンであれば、python3.9コマンドが使用できる。py.exeランチャーをインストールしてあればpyコマンドが使用できる。Pythonを起動する他の方法については「補足：環境変数の設定」[†2]を参照のこと。

プライマリプロンプト（>>>）が出ているときに、ファイル終端キャラクタ（End Of File：EOF。UNIXでは[Ctrl] + [D]キー、Windowsでは[Ctrl] + [Z]キー）を入力すると、インタープリタはコード0（ゼロ）を返して終了する。これがうまくいかないときは、インタープリタにquit()と入力してやれば終了できる。

対話型編集、ヒストリ置換、コード補完といったインタープリタの行編集機能は、GNU readlineをサポートするシステムで使用できる。コマンド行編集機能が使える

[†1]　UNIX環境ではPython 3.xインタープリタのデフォルトのファイル名はPythonではない。Python 2.xの実行ファイルとコンフリクトさせないためである。

[†2]　https://docs.python.org/ja/3/using/windows.html#excursus-setting-environment-variables

かどうかを確かめるには、起動したばかりのPythonプロンプトに[Ctrl] + [P]キー
を入力してみるのが、たぶんいちばん早い。ビープが鳴るならコマンド行編集が使え
る（キー操作の手引きについては**14章**「対話環境での入力行編集とヒストリ置換」を
参照のこと）。何も起きなかったり、^Pという文字が出てくるようであれば、コマン
ド行編集は使えない。つまり、バックスペースで入力中の行の1文字を消すことしか
できないわけだ。

　インタープリタの動作は、ちょっとUNIXシェルに似ている。標準入力がttyデバ
イスに接続された状態で起動した場合はコマンドを対話的に読み込んで実行するが、
引数にファイル名を与えたり、標準入力からファイルを与えて起動した場合はこの
ファイルに入った「スクリプト」を読み込んで実行するのである。

　インタープリタを起動するには「python -c コマンド [引数] ...」という方法
もあり、これはシェルの-cオプションと同様に、コマンドにある文（複文も可）を実
行する。Pythonの文は、スペースその他のシェルにとって特殊なキャラクタを含む
ことが多いので、通常はコマンド部分全体をシングルクォート（''）で囲んでおく。

　Pythonモジュールの中には、スクリプトとしても便利なものがある。これらは
「python -m モジュール名 [引数] ...」として呼び出すと、モジュールのソー
スファイル名を完全な形で指定したかのように実行される。

　スクリプトファイルを使う場合にも、スクリプトを走らせた後に対話モードに入れ
ると便利、ということがある。スクリプトファイル名の前に-iを入れることで、これ
が可能である。

　すべてのコマンドラインオプションの解説は「Pythonのセットアップと利用」の
「コマンドラインと環境」[†3]にある。

2.1.1　引数を渡す

　インタープリタがスクリプト名（スクリプトのファイル名）と続く引数群を知ら
されると、これらは文字列のリストとなりsysモジュールの変数argvに割り当て
られる。import sys を実行することで、このリストにアクセスできる。リストの
長さは最小1である。スクリプト名も引数も与えられないとき、sys.argv[0]は空
の文字列となる。スクリプト名が「-」（これは標準入力を意味する）になっている
と、sys.argv[0]は-となる。-c コマンドの形式では、sys.argv[0]は-cとなる。
-m モジュール名の場合、sys.argv[0]には指定したモジュールのファイル名が完

†3　https://docs.python.org/ja/3/using/cmdline.html#command-line-and-environment

全な形で入る。`-c コマンド`や`-m モジュール`よりも後に続くオプションはPythonインタープリタのオプション処理により消費されずに`sys.argv`の中に残され、コマンドなりモジュールなりが処理するようになっている。

2.1.2 対話モード

コマンドを`tty`から読み込んでいるとき、インタープリタは「対話モード」にある、という。このモードでコマンド入力を促すプロンプトを「プライマリプロンプト」といい、これは通常、大なり記号3つである（`>>>`）。継続行には「セカンダリプロンプト」が出てくるが、これはデフォルトではドット3つである（`...`）。インタープリタは、バージョンと著作権からはじまるウェルカムメッセージを表示してからプロンプトを出す

```
$ python3.9
Python 3.9 (default, Oct  5 2020, 11:29:23)
[GCC 4.8.2] on linux
Type "help", "copyright", "credits" or "license" for more information.
>>>
```

複数行で論理構成する場合には、継続行が必要である。次の`if`文のようになる：

```
>>> the_world_is_flat = True
>>> if the_world_is_flat:
...     print("落ちないように気をつけて！")
...
落ちないように気をつけて！
```

対話モードについてのさらなる情報は「16.1　対話モード」を参照。

2.2　インタープリタとその環境
2.2.1　ソースコード・エンコーディング

デフォルトでは、Pythonのソースファイルは UTF-8 でエンコードしてあるものとして扱われる。このエンコーディングでは、世界のほとんどの言語のキャラクタを文字列リテラル、識別子、コメントとして同時に使うことができる（とはいえ、標準ライブラリでは識別子に ASCII キャラクタのみを使っており、これは移植可能なコードであれば従うべき慣習である）。これらのキャラクタを正しく表示するためには、UTF-8 を認識するエディタを使い、ファイル内のキャラクタすべてをサポートするフォントを指定する必要がある。

　デフォルト以外のエンコーディングを使うには、ソースコードの**最初**の行に特殊コメント行を追加すること。記法はこのようにする：

```
# -*- coding: encoding -*-
```

encoding には Python でサポートされている「codec 名」を入れる。

　たとえば Windows-1252 エンコーディングの使用を宣言するには、ソースコードファイルの1行目をこのようにする：

```
# -*- coding: cp1252 -*-
```

　最初の行の例外は UNIX の shebang 行を入れたい場合だ。このときはエンコーディング宣言はファイルの2行目に追加する。例を示す：

```
#!/usr/bin/env python3.9
# -*- coding: cp1252 -*-
```

3章
気楽な入門編

今後の例では、入力と出力をプロンプト（>>>と...）の有無で区別する。だから実行してみるときは、プロンプトに続く部分をすべて入力していただきたい。プロンプトで始まらない行は、インタープリタからの出力である。セカンダリプロンプトだけの行は、複数行からなるコマンドの終端を意味するので、そのまま [Enter] を叩いて空行を入力してほしい。

本書の例にはコメントがたくさん入れてあり、対話型プロンプトへの入力にすら入っていることがある。Pythonではコメントはハッシュ記号「#」から、その物理行の末までとなっている。コメントは行頭から始めてもよいし、ホワイトスペースやコードの後ろに付けることもできるが、文字列リテラルの内部には付けられない。文字列リテラル内のハッシュ記号は単なるハッシュ文字である。コード例のコメントはコード内容を明快にするためにありPythonはこれを解釈しないので、入力時には省いてよい。

例：

```
# 1つ目のコメント
SPAM = 1    # 2つ目のコメント
            # そしてこれが3つ目！
text = "# これはコメントじゃない。"
```

3.1　Pythonを電卓として使う

簡単なコマンドから少し使ってみよう。まずは対話モードに入るべく、インタープリタを起動してプライマリプロンプト（>>>）が出るのを待つ。（すぐ出るはずだ。）

3.1.1　数値

インタープリタは簡単な電卓になる。式を入れれば答えを表示するからだ。式の文法は直感的で、演算子としての+、-、*、/は他の言語（PascalだのCだの）と同じように使える。丸カッコによる式のグルーピングもできる。例を示す：

```
>>> 2 + 2
4
>>> 50 - 5*6
20
>>> (50 - 5*6) / 4
5.0
>>> 8 / 5  # 除算は常に浮動小数点数を返す
1.6
```

整数（「2」、「4」、「20」など）はintという型を持つ。小数点を伴う数（「5.0」、「1.6」など）はfloatという型を持つ。数値型については後でよく見ていく。

除算（/）は常にfloatを返す。**切り下げ除算**をおこなって整数解を得たい場合は（剰余を捨てたい場合は）//演算子を使い、剰余のみを得たい場合は%演算子を使う。

```
>>> 17 / 3      # 標準の除算はfloatを返す
5.666666666666667
>>>
>>> 17 // 3     # 切り下げ除算は小数点以下を捨てる
5
>>> 17 % 3      # %演算子は剰余（除算の余り）を返す
2
>>> 5 * 3 + 2  # こたえ * わる数 + あまり
17
```

**演算子を使うことで累乗を求めることができる[1]：

```
>>> 5 ** 2  # 5の自乗
25
>>> 2 ** 7  # 2の7乗
128
```

等号（=）は変数に値を代入するのに使う。この実行結果は表示されず、そのまま次のプロンプトが出る：

---

[1]　**は-より高い優先順位を持つので、-3**2は-(3**2)と解釈されて-9になる。-3の2乗で9を得たいときは(-3)**2とすればよい。

```
>>> width = 20
>>> height = 5 * 9
>>> width * height
900
```

変数は「定義」（値を代入）されていないまま使おうとするとエラーが出る：

```
>>> n # 未定義の変数にアクセスを試みる
Traceback (most recent call last):
  File "<stdin>", line 1, in <module>
NameError: name 'n' is not defined
（名前エラー：名前'n'は定義されていない）
```

浮動小数点数は完全にサポートされている。演算対象の型が混合していた場合、整数は浮動小数点数に変換される：

```
>>> 4 * 3.75 - 1
14.0
```

対話モードでは、最後に表示した式を変数「_」（アンダースコア）に代入してある。つまり、Pythonを電卓として使うと計算を続けていくのが楽である。例を示す：

```
>>> tax = 12.5 / 100
>>> price = 100.50
>>> price * tax
12.5625
>>> price + _
113.0625
>>> round(_, 2)
113.06
```

この変数はユーザーからはリードオンリーとして扱うべきものだ。値を明示的に代入してはならない——同じ名前の無関係なローカル変数を生成し、それがこの特異な振る舞いを持つビルトイン変数を隠蔽してしまうからだ。

Pythonでは整数と浮動小数点数だけでなく、10進数（Decimal）や有理数（Fraction）など、さまざまな数値型がサポートされている。**複素数**もサポートされており、その虚部を示すのに接尾辞「j」または「J」を使う（3+5jなどとする）。

3.1.2　文字列

Pythonでは数値に加え、文字列を扱うこともできる。これはさまざまな方法で表現できる。引用符にはシングルクォートも（'...'）ダブルクォートも（"..."）使え

て、どちらも同じ結果になる[†2]。バックスラッシュ（\）でクォート文字のエスケープができる：

```
>>> 'spam eggs'  # シングルクォート
'spam eggs'
>>> 'doesn\'t'    # シングルクォートは\でエスケープするか...
"doesn't"
>>> "doesn't"     # ...ダブルクォートを使う
"doesn't"
>>> '"Yes," they said.'
'"Yes," they said.'
>>> "\"Yes,\" they said."
'"Yes," they said.'
>>> '"Isn\'t," they said.'
'"Isn\'t," they said.'
```

　対話型インタープリタでは、文字列は引用符に囲まれ、特殊文字は\でエスケープされた状態で出力される。入力とは違って見えることもあるが（囲っている引用符が変わることがある）、等価の文字列である。表示の引用符がダブルクォートとなるのは、文字列自体がシングルクォートを含みダブルクォートを含まない場合のみで、それ以外はシングルクォートとなる。print()関数ではもっと読みやすい出力を生成する。全体を囲む引用符を除去し、エスケープ文字や特殊文字をプリントするのだ：

```
>>> '"Isn\'t," they said.'
>>> '"Isn\'t," they said.'
>>> print('"Isn\'t," they said.')
"Isn't," they said.
>>> s = 'First line.\nSecond line.'  # \nは改行の意味
>>> s  # print()しないで表示すると\nが出力に含まれる
'First line.\nSecond line.'
>>> print(s)  # print()を使うと\nで改行が生じる
First line.
Second line.
```

　\を前置した文字が特殊文字として解釈されるのが嫌なときは、**raw文字列**を使えばよい。これは最初の引用符の前にrを置く：

[†2]　他の言語とは異なり、\nのような特殊文字の扱いはシングルクォートでもダブルクォートでも同じだ。唯一の違いは、シングルクォートの中では"をエスケープする必要がなく（しかし'は\'の形でエスケープする必要がある）、逆にダブルクォートの中ではシングルクォートをエスケープする必要がないことである。

```
>>> print('C:\some\name')    # \nは改行なので
C:\some
ame
>>> print(r'C:\some\name')    # 引用符の前のrに注目
C:\some\name
```

文字列リテラルを複数行にわたり書くこともできる。1つの方法はトリプルクォート（`"""`...`"""`または`'''`...`'''`）を使うというものだ。行末文字は自動的に文字列に含有される。これを避けたいときは行末に\を置く。以下のようにすると：

```
print("""\
Usage: thingy [OPTIONS]
     -h                        Display this usage message
     -H hostname               Hostname to connect to
""")
```

以下のような出力が得られる（最初の改行が含まれていないことに注目）：

```
Usage: thingy [OPTIONS]
     -h                        Display this usage message
     -H hostname               Hostname to connect to
```

文字列は+演算子で連結できるし、*演算子で繰り返すこともできる：

```
>>> # unを3回繰り返して最後にiumを付ける
>>> 3 * 'un' + 'ium'
'unununium'
```

列挙された**文字列リテラル**（引用符で囲まれたものたち）は自動的に連結される。

```
>>> 'Py' 'thon'
'Python'
```

この機能は長い文字列を分割したい時に便利だ：

```
>>> text = ('カッコの中にながいながいながい文字列を'
            ' 入れておいて繋げてやろう。')
>>> text
'カッコの中にながいながいながい文字列を入れておいて繋げてやろう。'
```

ただしこれはリテラル同士でのみ有効で、変数や式では無効だ：

```
>>> prefix = 'Py'
>>> prefix 'thon'   # 変数と文字列リテラルは連結できない
  File "<stdin>", line 1
    prefix 'thon'
          ^
SyntaxError: invalid syntax
（構文エラー：無効な構文）
>>> ('un' * 3) 'ium'
  File "<stdin>", line 1
    ('un' * 3) 'ium'
              ^
SyntaxError: invalid syntax
（構文エラー：無効な構文）
```

変数とリテラルの連結、そして変数同士の連結には+を使う：

```
>>> prefix + 'thon'
'Python'
```

文字列には**インデックス指定**（連番による指定）ができる。最初のキャラクタのインデックスは0である。キャラクタ型というものは存在しないので、ここでいうキャラクタとは長さが1の文字列のことである：

```
>>> word = 'Python'
>>> word[0]   # 位置0のキャラクタ
'P'
>>> word[5]   # 位置5のキャラクタ
'n'
```

インデックスには負の数も使える。これは右から数えることを示す：

```
>>> word[-1]      # 最後のキャラクタ
'n'
>>> word[-2]      # 最後から2番目のキャラクタ
'o'
>>> word[-6]
'P'
```

−0は0と同じことなので、負のインデックスは−1から始まる。

また、インデックス操作にくわえ、**スライス操作（切取）**もサポートされている。インデックス操作を使うと個々の文字が取得できるのに対し、**スライス操作**では部分文字列（サブストリング）が取得できる：

```
>>> word[0:2]   # 位置0から（0を含み）2まで（2を含まない）の文字
'Py'
>>> word[2:5]   # 位置2から（2を含み）5まで（5を含まない）の文字
'tho'
```

始点は常に含まれ、終点は常に除外されることに注目してほしい。これにより s[:i] + s[i:] はsと常に等価になる。

```
>>> word[:2] + word[2:]
'Python'
>>> word[:4] + word[4:]
'Python'
```

スライスインデックスには便利なデフォルト値がある。第1文字の省略時デフォルトが0、第2文字の省略時デフォルトが文字列サイズとなっているのだ。

```
>>> word[:2]    # 最初の文字から位置2（2を含まない）までの文字
'Py'
>>> word[4:]    # 位置4（4を含む）から最後までの文字
'on'
>>> word[-2:]   # 位置－2（含む）から最後までの文字
'on'
```

スライス操作の動作を覚えるには、インデックスとは文字と文字の「間」を指す数字であり、最初の文字の左端が0になっている、と考えればよい。したがってn文字からなる文字列の最後の文字の右がインデックスnとなる。このようになる：

```
 +---+---+---+---+---+---+
 | P | y | t | h | o | n |
 +---+---+---+---+---+---+
 0   1   2   3   4   5   6
-6  -5  -4  -3  -2  -1
```

並んだ数字は、上が文字列境界のインデックス0...6を、下がその位置の負のインデックス値を示す。インデックスiからjまでのスライス（[i:j]）は、境界iと境界jに挟まれた文字すべてからなる。

非負のインデックスにおいては、スライスの長さは2つのインデックスの差だ（インデックスの値が文字列長の範囲に収まっている限り）。たとえばword[1:3]の長さは2である。

大きすぎるインデックスを指定するとエラーになる：

```
>>> word[42]  # wordは6文字
Traceback (most recent call last):
  File "<stdin>", line 1, in <module>
IndexError: string index out of range
```
（インデックスエラー：文字インデックスが範囲外）

　これに対し、スライスのインデックスでは範囲外を指定した場合にも良い具合に処理してくれる：

```
>>> word[4:42]
'on'
>>> word[42:]
''
```

　Pythonの文字列は改変できない——**不変体**（immutable）であるという。このため、文字列のインデックス位置に代入を行うとエラーが出る：

```
>>> word[0] = 'J'
Traceback (most recent call last):
  File "<stdin>", line 1, in <module>
TypeError: 'str' object does not support item assignment
```
（型エラー：'str'オブジェクトはアイテム代入をサポートしていない）
```
>>> word[2:] = 'py'
Traceback (most recent call last):
  File "<stdin>", line 1, in <module>
TypeError: 'str' object does not support item assignment
```
（型エラー：'str'オブジェクトはアイテム代入をサポートしていない）

　異なる文字列が必要なときは、新しい文字列を生成する必要がある：

```
>>> 'J' + word[1:]
'Jython'
>>> word[:2] + 'py'
'Pypy'
```

　ビルトイン関数len()は文字列の長さを返す：

```
>>> s = 'supercalifragilisticexpialidocious'
>>> len(s)
34
```

参照

ライブラリリファレンス「テキストシーケンス型 --- str」[3]
文字列はシーケンス型の典型例で、シーケンス型がサポートする一般的な操作
をサポートしている。

ライブラリリファレンス「文字列メソッド」[4]
文字列は、基本的な変換と検索を行う数多くのメソッドをサポートしている。

ライブラリリファレンス「フォーマット済み文字列リテラル」[5]
式が埋め込まれた文字列リテラルである。

ライブラリリファレンス「書式指定文字列の文法」[6]
str.format()を使った書式指定についての情報。

ライブラリリファレンス「printf形式の文字列書式化」[7]
文字列を%演算子の左辺値としたとき呼び出される、以前のフォーマッティン
グ操作の詳細は、こちらに記述されている。

3.1.3 リスト

Pythonには複合したデータのための型がいくつかあり、他の種類の値をまとめる
のに使える。もっとも万能なのがリスト（list）で、これは角カッコの中にカンマ区
切りの値（アイテム）を入れていくだけで書ける。リストには異なる型のアイテムを
入れられるが、通常はすべて同じ型を入れる。

```
>>> squares = [1, 4, 9, 16, 25]
>>> squares
[1, 4, 9, 16, 25]
```

文字列同様（そして他のすべての**シーケンス**型同様）、リストにもインデックス操
作とスライス操作が使える：

---

[3] https://docs.python.org/ja/3/library/stdtypes.html#text-sequence-type-str
[4] https://docs.python.org/ja/3/library/stdtypes.html#string-methods
[5] https://docs.python.org/ja/3/reference/lexical_analysis.html#formatted-string-literals
[6] https://docs.python.org/ja/3/library/string.html#format-string-syntax
[7] https://docs.python.org/ja/3/library/stdtypes.html#printf-style-string-formatting

```
>>> squares[0]   # インデックス操作はアイテムを返す
1
>>> squares[-1]
25
>>> squares[-3:]   # スライス操作は新たなリストを作って返す
[9, 16, 25]
```

　スライス操作は常に、要求された要素を含んだ新たなリストを返す。これはつまり、以下のスライシングは上のリストのシャローコピー[8]を新しく作って返す、ということである：

```
>>> squares[:]
[1, 4, 9, 16, 25]
```

　リストは連結などの操作もサポートしている：

```
>>> squares + [36, 49, 64, 81, 100]
[1, 4, 9, 16, 25, 36, 49, 64, 81, 100]
```

　文字列は**不変体**（immutable）であったが、リストは**可変体**（mutable）である。すなわち内容を入れかえることができる：

```
>>> cubes = [1, 8, 27, 65, 125]   # どこかおかしい
>>> 4 ** 3   # 4の3乗は64だ。65じゃない！
64
>>> cubes[3] = 64   # まちがった値を入れかえる
>>> cubes
[1, 8, 27, 64, 125]
```

　また、append()メソッドを使うことでリストの末尾にアイテムを追加することができる（メソッドについては後で詳しく述べる）：

```
>>> cubes.append(216)    # 6の3乗を追加
>>> cubes.append(7 ** 3)   # 7の3乗を追加
>>> cubes
[1, 8, 27, 64, 125, 216, 343]
```

　スライスへの代入も可能であり、これによってリストの長さを変えることも、リストの内容をすべてクリアすることもできる：

---

[8]　訳注：浅いコピー。オブジェクトの複製を伴わないポインタのコピーのこと。

```
>>> letters = ['a', 'b', 'c', 'd', 'e', 'f', 'g']
>>> letters
['a', 'b', 'c', 'd', 'e', 'f', 'g']
>>> # いくつかの値を置換
>>> letters[2:5] = ['C', 'D', 'E']
>>> letters
['a', 'b', 'C', 'D', 'E', 'f', 'g']
>>> # これらを削除
>>> letters[2:5] = []
>>> letters
['a', 'b', 'f', 'g']
>>> # リストをクリア。空リストで全部の要素を置換する
>>> letters[:] = []
>>> letters
[]
```

ビルトイン関数len()はリストにも使える：

```
>>> letters = ['a', 'b', 'c', 'd']
>>> len(letters)
4
```

リストは入れ子にできる（リストを要素とするリストが生成できる）。このようにする：

```
>>> a = ['a', 'b', 'c']
>>> n = [1, 2, 3]
>>> x = [a, n]
>>> x
[['a', 'b', 'c'], [1, 2, 3]]
>>> x[0]
['a', 'b', 'c']
>>> x[0][1]
'b'
```

3.2 プログラミング、はじめの一歩

Pythonはもちろん、2と2を足すより複雑なことにも使える。たとえばフィボナッチ級数のはじめのほうは、以下のように書くことができる：

```
>>> # フィボナッチ級数
... # 2項の和により次項が定まる
... a, b = 0, 1
>>> while a < 10:
...     print(a)
...     a, b = b, a+b
```

```
...
0
1
1
2
3
5
8
```

この例には、新しい機能をいくつか入れてある。

- 最初の行では「多重代入」を行った。これにより変数aとbは、新しい値0と1をそれぞれ得ている。最後の行でも多重代入を使った。こちらでは、代入が行われる前にまず右辺側にある式がすべて評価されることを示した。この右辺式は左から右に評価される。

- whileループは条件（ここでは「a < 10」）が真（true）である限り実行を繰り返す。PythonではCと同じく、0でない整数が真、0は偽である。条件は文字列やリストでもよい、というか、あらゆるシーケンスが使え、このときは長さがゼロでなければすべて真、空のシーケンスは偽である。この例で使ったテストは単純比較である。標準的な比較演算子の書き方もCと同じで、<（小なり）、>（大なり）、==（等しい）、<=（小なりまたは等しい）、>=（大なりまたは等しい）、!=（等しくない）となっている。

- ループのボディ部分にはインデントがかかっている（行頭が字下げされている）。Pythonでは文のグルーピングにインデントを使う。対話環境ではインデントされた行を入力するのに自分でタブやスペースをタイプする必要がある。実地ではもっと複雑な入力を行うことになるが、テキストエディタを使えばよい。まともなテキストエディタには自動インデント機能がある。対話環境で複合文を入力するときは、最後に空白行を加えて文の完了を知らせてやらねばならない（パーサからは、あなたが入力したのが最後の行かどうか判別がつかない）。ブロック内の行同士のインデントは揃える必要があることに注意してほしい。

- print()関数は、与えられた引数（複数可）の値を表示する。この関数が複数の引数、浮動小数点数、文字列などを取ったときの処理は、式のみを単純に書いた場合（電卓の例のように）とは異なる。文字列は引用符なしで表示され、アイテムの間にはスペースが挿入されるため、次のようにきれいにフォーマットされる：

```
>>> i = 256*256
>>> print('The value of i is', i)
The value of i is 65536
```

- キーワード引数endを使えば、出力末尾の改行の抑制や、出力末尾を他の文字
  列に変更することができる：

```
>>> a, b = 0, 1
>>> while a < 1000:
...     print(a, end=',')
...     a, b = b, a+b
...
0,1,1,2,3,5,8,13,21,34,55,89,144,233,377,610,987,
```

4章
制御構造ツール

さきほど紹介したwhile文の他にも、Pythonでは他の言語にあるような普通の制御構文も使っているが、ちょっとひねってある。

4.1　if文

この種の構文でもっともお馴染みなのは、たぶんif文だろう。例を示す:

```
>>> x = int(input("整数を入れてください："))
整数を入れてください：42
>>> if x < 0:
...     x = 0
...     print('負数はゼロとする')
... elif x == 0:
...     print('ゼロ')
... elif x == 1:
...     print('1つ')
... else:
...     print('もっと')
...
もっと
```

elif部分はもっと続けてもよいし、なくてもよい。またelse部分はオプションである。キーワードelifは「else if」の短縮で、インデントだらけになるのを防ぐのに役立つ。if ... elif ... elif ... の連なりは、他の言語におけるswitch文やcase文の代わりになる。

4.2　for文

　Pythonのfor文は、CやPascalとは少し違う。(Pascalのように) 常に等差級数を使って反復をかけることも、(Cのように) ユーザーに反復間隔と停止条件を定義させることもなく、あらゆるシーケンス (リストや文字列) のアイテムに対し、そのシーケンス内の順序で反復をかける。次のようになる：

```
>>> # 文字列の長さを測る：
... words = ['cat', 'window', 'defenestrate']
>>> for w in words:
...     print(w, len(w))
...
cat 3
window 6
defenestrate 12
```

　反復対象のコレクションに変更を加えるコードは正しく書くのが面倒なことがある。それよりもだいたいにおいて直接的な方法は、そのコレクションのコピーにループをかけたり、新しくコレクションを作り直すことだ。

```
# 戦略：コピーに反復をかける
for user, status in users.copy().items():
    if status == 'inactive':
        del users[user]

# 戦略：新しいコレクションを作る
active_users = {}
for user, status in users.items():
    if status == 'active':
        active_users[user] = status
```

4.3　range()関数

　数字の連なりに反復をかけるときは、ビルトイン関数のrange()が便利だ。これは等差級数を生成する：

```
>>> for i in range(5):
...     print(i)
...
0
1
2
3
4
```

与えられた終端値は入らない。そして range(10) が生成する10個の値は、ちょうど長さ10のシーケンスの各アイテムへのインデックスとなる。range は0以外の数字から始めることもできるし、増分(「ステップ」とも呼ばれる)を指定することもできる(ここには負数も使える):

```
range(5, 10)
   5, 6, 7, 8, 9

range(0, 10, 3)
   0, 3, 6, 9

range(-10, -100, -30)
  -10, -40, -70
```

シーケンスのインデックスで反復をかけたいときは、次のように range() と len() を組み合わせてもよい:

```
>>> a = ['Mary', 'had', 'a', 'little', 'lamb']
>>> for i in range(len(a)):
...     print(i, a[i])
...
0 Mary
1 had
2 a
3 little
4 lamb
```

とはいえ多くの場合は enumerate() 関数を使うほうが便利である。「5.6 ループのテクニック」を参照されたい。

range を単純に print してやると、おかしなことが起きる:

```
>>> print(range(10))
range(0, 10)
```

range() 数が返すオブジェクトはさまざまな意味でリストのように振舞うが、実は list ではない。反復を掛けることで望みのシーケンスのアイテムを連続的に返すオブジェクトであり、本当にはリストを作らず、それにより空間を節約する。

我々はそのようなオブジェクトを**反復可能体**(iterable)と呼ぶ。これは空になるまで連続的にアイテムを供給するもの、そうしたものを期待する関数や構造のターゲットとして適したものをいう。反復可能体を期待する関数や構造のほうは、**反復子**(iterator)という。for文がそうした構造であることはいま見たので、反復可能体を

取る関数の例として sum() を取り上げよう：

```
>>> sum(range(4))  # 0 + 1 + 2 + 3
6
```

　反復可能体を返す関数や、これを引数として取る関数は他にもあるので後のほうで触れる。最後に、おそらく気になっているであろう range から list を得ることについて。答えはこれだ：

```
>>> list(range(4))
[0, 1, 2, 3]
```

　list() については5章でさらに論じる。

4.4　break文とcontinue文、ループにおけるelse節

　break 文は C 同様、それを取り囲むもっとも内側の for または while のループから抜けるものだ。

　これらのループ文には else 節を加えられる。else 節は、反復可能体を使い果たしたり（for）、条件式が false になること（while）によってループが終了した場合に実行され、break 文で終了した場合は実行されない。以下は素数探索ループによる例である：

```
>>> for n in range(2, 10):
...     for x in range(2, n):
...         if n % x == 0:
...             print(n, 'equals', x, '*', n//x)
...             break
...     else:
...         # ループで約数を見つけられなかった場合
...         print(n, 'is a prime number')
...
2 is a prime number
3 is a prime number
4 equals 2 * 2
5 is a prime number
6 equals 2 * 3
7 is a prime number
8 equals 2 * 4
9 equals 3 * 3
```

（そう、これで正しいコードだ。よく見てほしい。else節の所属は**if文ではない**。forループなのだ。）

ループにおけるelse節は、if文のそれよりもtry文でのそれに似たものである。try文のelse節は例外が起きなかったときに、ループのelse節はbreakが起きなかったときに実行される。try文や例外についての詳細は「8.3　例外の処理」を参照されたい。

continue文もやはりCからの拝借物で、ループの残りを飛ばして次回の反復にいく：

```
>>> for num in range(2, 10):
...     if num % 2 == 0:
...         print("Found an even number", num)
...         continue
...     print("Found an odd number", num)
...
Found an even number 2
Found an odd number 3
Found an even number 4
Found an odd number 5
Found an even number 6
Found an odd number 7
Found an even number 8
Found an odd number 9
```

4.5　pass文

pass文は何もしない。構文的に文が必要なのに、プログラム的には何もする必要がないときに使う。例を示す：

```
>>> while True:
...     pass # ビジーウェイトでキーボード割込（Ctrl+C）を待つ
...
```

これは最小のクラスを生成するのにもよく使われる：

```
>>> class MyEmptyClass:
...     pass
...
```

passの他の使いどころとしては、新しくコードを書いているとき関数や条件の本体にプレースホルダとして置いておき、もっと抽象的なレベルについて考え続けることを助ける、というのがある。passは黙って無視されるのだ：

```
>>> def initlog(*args):
...     pass # 実装を忘れないこと！
...
```

4.6　関数の定義

フィボナッチ級数を任意の上限まで書き出す関数は、次のように書ける：

```
>>> def fib(n):        # フィボナッチ級数をnまで書き出す
...     """nまでのフィボナッチ級数を表示する"""
...     a, b = 0, 1
...     while a < n:
...         print(a, end=' ')
...         a, b = b, a+b
...     print()
...
>>> # ではこの関数を呼び出してみよう
... fib(2000)
0 1 1 2 3 5 8 13 21 34 55 89 144 233 377 610 987 1597
```

キーワードdefは関数定義のはじまりで、続けて関数名、丸カッコ囲みの仮引数リストを書く必要がある。関数本体の文は次の行からインデントして書く。

関数本体の最初の文には文字列リテラルを使うことができる。この文字列リテラルが関数のドキュメンテーション文字列、すなわちdocstringである。（docstringについての詳細は「4.7.7　ドキュメンテーション文字列（docstring）」を参照。）オンライン向けや印刷向けにドキュメントを自動生成するツールや、ユーザーが対話的にコードを見ていくためのツールで、docstringを使うものはたくさんある。つまりコードを書いたらdocstringを入れておくのは良いことなので習慣にすること。

関数の**実行**により新しいシンボル表が導入され、これは関数内のローカル変数に使われる。より正確に言うと、関数内でのあらゆる代入は、その値がローカル変数のシンボル表[1]に格納される。ちなみに変数の参照は、最初にローカルのシンボル表を、次にそれを含む各関数のシンボル表を、続いてグローバルのシンボル表を、最後にビルトイン名のシンボル表を調べるようになっている。というわけで、関数内からグローバル変数や外側の関数の変数に値を直接代入することはできない（グローバル変数についてはglobal文で指定することで、外側の関数の変数についてはnonlocal文で指定することで可能）。ただし参照はできる。

関数をコールするときに渡される実引数は、コールの時点でその関数にローカルな

---

[1]　訳注：名前空間のディクショナリ。「9.2　Pythonのスコープと名前空間」を参照。

シンボル表に加えられる。つまり、引数は call by value で渡される（この value とは、常にオブジェクトの**参照**のことであり、オブジェクトの値そのものではない[2]）。関数が他の関数をコールしたときは、新しいローカルシンボル表が作られる。

　関数を定義すると、その関数名は現在のシンボル表内で関数オブジェクトと関連付けられる。インタープリタはこの名前が指し示すオブジェクトをユーザー定義関数と認識する。他の名前も同じ関数オブジェクトを指し示すことができ、そうした名前もこの関数へのアクセスに使用することができる。

```
>>> fib
<function fib at 10042ed0>
>>> f = fib
>>> f(100)
0 1 1 2 3 5 8 13 21 34 55 89
```

　他の言語から来ると、fib は値を返さないから関数ではなく手続き（procedure）だ、と言いたくなるかもしれない。しかし実のところ、return 文を持たない関数でさえ値を返すのだ——退屈なものではあるが。返される値は None だ（これはビルトイン名である）。値 None は書き出されない。たとえそれが書き出されるべき唯一の値であったとしても、インタープリタに抑制されるからだ。本気で None を見たい方は print() を使うとよい：

```
>>> fib(0)
>>> print(fib(0))
None
```

　フィボナッチ級数の要素を表示する代わりに、そのリストを返す関数というのも簡単に書ける：

```
>>> def fib2(n):  # n までのフィボナッチ級数を書き出す
...     """n までのフィボナッチ級数から成るリストを返す"""
...     result = []
...     a, b = 0, 1
...     while a < n:
...         result.append(a)      # 下記参照
...         a, b = b, a+b
...     return result
...
```

---

[2]　原注：これは実のところ、call by object reference（オブジェクト参照渡し）と呼ぶべきかもしれない。ここで可変オブジェクトが渡されると、関数側でオブジェクトに加えた変更（リストに挿入されたアイテムなど）が、呼び出し側から見えるからである。

```
>>> f100 = fib2(100)     # コールする
>>> f100                 # 結果を書き出す
[0, 1, 1, 2, 3, 5, 8, 13, 21, 34, 55, 89]
```

この例でも、Pythonの機能をいくつか新たに示している：

- return文は、1つの値を返しつつ関数から復帰するものである。式を引数に持たないreturnはNoneを返す。関数の末尾に達した場合もNoneを返す。
- 文result.append(a)では、リストオブジェクトresultのメソッドをコールしている。メソッドとはオブジェクトに「所属した」関数であり、その名前はobj.methodnameという形をとる。ここでobjはなんらかのオブジェクトで（式でもよい）、methodnameはそのオブジェクトの型により定義されたメソッド名である。型が異なると、定義されるメソッドが異なる。だから異なる型のメソッド同士が同じ名前を持っていても混同されることはない（クラスを使うと、オブジェクトの型とメソッドを自分で定義することができる。これについては**9章**「クラス」を参照のこと）。例に示したメソッドappend()はリストオブジェクトに定義されているもので、リストの末尾に新しい要素を付け加える。append()は上の場合で言えばresult = result + [a]と等価だが、より効率的である。

4.7　さらに関数定義について

引数の個数が可変の関数を定義することもできる。これには3つの形態があり、組み合わせることも可能だ。

4.7.1　引数のデフォルト値

一番使いでがある形態は、いくつかの引数にデフォルト値を設定するというものだ。これを使った関数は、渡すように定義してあるよりも少ない個数の引数でコールできる。例を示す：

```
def ask_ok(prompt, retries=4, reminder='Please try again!'):
    while True:
        ok = input(prompt)
        if ok in ('y', 'ye', 'yes'):
            return True
        if ok in ('n', 'no', 'nop', 'nope'):
```

```
        return False
    retries = retries - 1
    if retries < 0:
        raise ValueError('invalid user response')
    print(reminder)
```

この関数はさまざまな形でコールできる：

- 必須の引数だけを与える：

  `ask_ok('Do you really want to quit?')`
- オプション引数を1つ与える：

  `ask_ok('OK to overwrite the file?', 2)`
- すべての引数を与える：

  `ask_ok('OK to overwrite the file?', 2, 'Come on, only yes or no!')`

この例ではキーワード in の紹介もしている。これはシーケンスが指定の値を含むかどうかを判定する。

デフォルト値の評価は、関数を定義した時点で、定義を書いたスコープで行われるため：

```
i = 5

def f(arg=i):
    print(arg)

i = 6
f()
```

この出力は5となるのである。

デフォルト値の評価は一度しか起きない。デフォルト値が可変オブジェクト、すなわちリスト、ディクショナリ、およびほとんどのクラスのインスタンスである場合、このことが影響する。たとえば以下の関数は、コールで渡される引数を累積していく：

```
def f(a, L=[]):
    L.append(a)
    return L
```

```
print(f(1))
print(f(2))
print(f(3))
```

つまりこの出力は：

```
[1]
[1, 2]
[1, 2, 3]
```

となるのだ。

コール間でデフォルト値を共有されたくないなら、この関数は次のように書くとよい：

```
def f(a, L=None):
    if L is None:
        L = []
    L.append(a)
    return L
```

4.7.2　キーワード引数

関数はキーワード引数も取れる。「キーワード = 値」の形である。次のような関数[3]があるとする：

```
def parrot(voltage, state='a stiff', action='voom',
        type='Norwegian Blue'):
    print("-- This parrot wouldn't", action, end=' ')
    print("if you put", voltage, "volts through it.")
    print("-- Lovely plumage, the", type)
    print("-- It's", state, "!")
```

この関数は必須の引数を1個（voltage）、オプション引数を3個取り（state、action、type）、次のいずれの形でもコールできる：

---

[3]　この関数はモンティ・パイソンでも特に有名なスケッチ、「死んだオウム」のエミュレータ？　である。このスケッチではオウムが「死んでいる」という表現（=state）が山ほど出てくるので、キーワード引数をいろいろ置き換えて遊べるわけだ。voltageとvoomが入る部分はセリフの1つ（このスケッチは何度も作られ、そのたびに電圧が変わってるので、それを反映している。voomは「ぶーん」ぐらいの感じで普通の単語ではない）。Norwegian Blueはオウムの色である。

```
parrot(1000)                                      # 位置引数1個
parrot(voltage=1000)                              # キーワード引数1個
parrot(voltage=1000000, action='VOOOOOM')         # キーワード引数2個
parrot(action='VOOOOOM', voltage=1000000)         # キーワード引数2個
parrot('a million', 'bereft of life', 'jump')     # 位置引数3個
parrot('a thousand', state='pushing up the daisies')  # 位置引数1個
                                                     キーワード引数1個
```

しかし次のようなコールは無効である：

```
parrot()                          # 必要な引数がない
parrot(voltage=5.0, 'dead')       # キーワード引数の後に非キーワード引数
parrot(110, voltage=220)          # 同じ引数に値を2度与えた
parrot(actor='John Cleese')       # 未知のキーワード引数
```

関数をコールするときは、必ず位置引数を先に、キーワード引数を後にしなければならない。キーワード引数はすべて関数定義の仮引数に書いたものと一致している必要があるが（parrot関数では引数actorは無効である）、その順序は問われない。これはオプションではない引数でも同じだ（たとえばparrot(voltage=1000)も有効である）。引数は値を1度しか取れない。この制限による失敗の例を示す：

```
>>> def function(a):
...     pass
...
>>> function(0, a=0)
Traceback (most recent call last):
  File "<stdin>", line 1, in <module>
TypeError: function() got multiple values for keyword argument 'a'
(型エラー：function() のキーワード引数「a」が複数の値を取っている)
```

仮引数の最後が「****名前**」の形になっていると、この引数はディクショナリ（「5.5 ディクショナリ」を参照）を受け取る。このディクショナリには、仮引数に対応するキーワードを除いた、すべてのキーワード引数が入っている（つまりこの形にすれば、仮引数にないキーワードが使える）。またこれは、「***名前**」の形式（次項で詳説）と組み合わせて使うことができる（「***名前**」は「****名前**」より前にあること）。こちらの形式で関数に渡るのは、仮引数にない位置指定型引数をすべて含んだタプルである。たとえば次のような関数[4]を定義すると：

---

[4] これも有名なスケッチ「チーズ・ショップ」だ。kindにはチーズの種類を入れよう。

```
def cheeseshop(kind, *arguments, **keywords):
    print("-- Do you have any", kind, "?")
    print("-- I'm sorry, we're all out of", kind)
    for arg in arguments:
        print(arg)
    print("-" * 40)
    for kw in keywords:
        print(kw, ":", keywords[kw])
```

次のようにコールできて：

```
cheeseshop("Limburger", "It's very runny, sir.",
           "It's really very, VERY runny, sir.",
           shopkeeper="Michael Palin",
           client="John Cleese",
           sketch="Cheese Shop Sketch")
```

出力はもちろんこうなる：

```
-- Do you have any Limburger ?              リンブルガーチーズは？
-- I'm sorry, we're all out of Limburger   すみません、売り切れです
It's very runny, sir.                       どろどろなんですよ
It's really very, VERY runny, sir.          本当に、もう、デロデロですったら
----------------------------------------
shopkeeper : Michael Palin                  店主：マイケル・ペイリン
client : John Cleese                        客：ジョン・クリーズ
sketch : Cheese Shop Sketch                 スケッチ：「チーズ・ショップ」スケッチ
```

　キーワード引数の表示順序は関数のコール時に与えられた順序が保証されていることに注目してほしい。

4.7.3　特殊引数

　Pythonの関数の引数は、位置渡し、または明示的なキーワード指定渡しがデフォルトである。引数を渡す方法を制限すること、これにより開発者が関数定義を見るだけでアイテムの渡され方（位置、位置またはキーワード、キーワードのどれか）を判断できることには、可読性とパフォーマンス上の意味がある。
　関数定義は次のようになっている：

```
def f(pos1, pos2, /, pos_or_kwd, *, kwd1, kwd2):
      |          |    |           |   |
      位置のみ      位置またはキーワード  キーワードのみ
```

　/と*は、あっても無くてもよい。これらの記号は、関数への引数の渡され方（位置のみ、位置またはキーワード、キーワードのみ）を示すのに使うことができる。キーワード引数は名前付き引数とも呼ばれる。

4.7.3.1 「位置またはキーワード」引数

　関数定義に/も*も存在しなかった場合、引数は位置引数としてもキーワード引数としても渡すことができる。

4.7.3.2 位置のみ引数

　定義を少し詳しく見れば、決まった引数を**位置のみ**とマークすることができるのがわかる。**位置のみ**である引数は順序が重要であり、キーワード引数として渡すことができない。位置のみ引数は/（順スラッシュ）より前に置かれる。/は位置のみ引数を他の引数から論理的に分離するのに使われている。関数定義に/が無いとき、位置のみ引数は存在しない。

　/以後の引数は**位置またはキーワード**または**キーワードのみ**である。

4.7.3.3 キーワードのみ引数

　引数を**キーワードのみ**とマークするには、つまり、キーワード引数として渡さなければならないようにするには、引数リストの最初の**キーワードのみ**引数の直前に*を置く。

4.7.3.4 関数の例

　以下の関数定義例を、マーカー/および*に注目しながら調べていこう。

```
>>> def standard_arg(arg):
...     print(arg)
...
>>> def pos_only_arg(arg, /):
...     print(arg)
...
>>> def kwd_only_arg(*, arg):
...     print(arg)
...
>>> def combined_example(pos_only, /, standard, *, kwd_only):
...     print(pos_only, standard, kwd_only)
```

　最初の関数定義standard_argは、もっとも馴染みのある形態で、呼び出し手法に

制限はなく、引数は位置または引数により渡すことができる：

```
>>> standard_arg(2)
2

>>> standard_arg(arg=2)
2
```

第2の関数 pos_only_arg は、関数定義に / が入っているので、位置引数しか使えないという制限がある：

```
>>> pos_only_arg(1)
1

>>> pos_only_arg(arg=1)
Traceback (most recent call last):
  File "<stdin>", line 1, in <module>
TypeError: pos_only_arg() got an unexpected keyword argument 'arg'
(pos_only_arg() は予期しないキーワード引数 'arg' を受け取った)
```

第3の関数 kwd_only_arg は、関数定義の * で示されているように、キーワード引数のみを許容する：

```
>>> kwd_only_arg(3)
Traceback (most recent call last):
  File "<stdin>", line 1, in <module>
TypeError: kwd_only_arg() takes 0 positional arguments but 1 was given
(kwd_only_arg() は 0 個の位置引数を取るが 1 個が与えられた)

>>> kwd_only_arg(arg=3)
3
```

そして最後は、3種類すべての呼び出し手法を1つの関数定義で行うものだ：

```
>>> combined_example(1, 2, 3)
Traceback (most recent call last):
  File "<stdin>", line 1, in <module>
TypeError: combined_example() takes 2 positional arguments but 3 were given
(combined_example() は 2 個の位置引数を取るが 3 個が与えられた)

>>> combined_example(1, 2, kwd_only=3)
1 2 3

>>> combined_example(1, standard=2, kwd_only=3)
1 2 3

>>> combined_example(pos_only=1, standard=2, kwd_only=3)
```

```
Traceback (most recent call last):
  File "<stdin>", line 1, in <module>
TypeError: combined_example() got an unexpected keyword argument 'pos_only'
```
（combined_example()は予期しないキーワード引数'pos_only'を受け取った)）

　最後に次の関数定義を見ていこう。これは位置引数 name と、name をキーに取る**kwds との間で衝突が起きうるというものだ。

```
def foo(name, **kwds):
    return 'name' in kwds
```

　この関数がTrueを返す呼び出し方は存在しない。なぜならキーワードnameは、常に最初の引数に結合するからである。例を示す：

```
>>> foo(1, **{'name': 2})
Traceback (most recent call last):
  File "<stdin>", line 1, in <module>
TypeError: foo() got multiple values for argument 'name'
```
（foo()は引数nameについて複数の値を得た）
```
>>>
```

　ところが、/（位置のみ引数）を使えば呼び出しできるようになる。これは位置引数としての name と、キーワード引数のキーとしての name をともに許容するからである：

```
def foo(name, /, **kwds):
    return 'name' in kwds
>>> foo(1, **{'name': 2})
True
```

　これはつまり、位置のみ引数の名前を、曖昧なところなしに**kwds の中で使える、ということである。

4.7.3.5　まとめ

次の用例で、関数宣言にどの仮引数を使うべきか判断しよう：

```
def f(pos1, pos2, /, pos_or_kwd, *, kwd1, kwd2):
```

手引：
- 位置のみ引数はユーザーに引数名を見せたくない時に使用する。これは引数名に本当には意味がないとき、関数呼び出し時に引数の順序を強制したいとき、いくつかの位置引数と任意個数のキーワード引数を取りたいときに便利である。
- キーワードのみ引数は引数名に意味があるとき、明示することで関数宣言がより理解しやすくなるとき、そしてユーザーが引数の位置に頼ることを防ぎたい時に使用する。
- APIについては、引数名が将来変更されることで破壊的API変更となるのを防ぐために位置のみ引数を使うとよい。

4.7.4　任意引数のリスト

最後に、それほど使われないやり方だが、関数を任意個数の引数でコールできるように書く、という方法を取り上げる。これによる引数はタプルにまとめられる（「5.3 タプルとシーケンス」参照）。この可変個数の引数より前の部分には、通常の引数を置くことができる：

```
def write_multiple_items(file, separator, *args):
    file.write(separator.join(args))
```

可変長の引数は仮引数リストの最後に置く。関数に渡される引数の残りをすべて吸い込んでしまうからである。*arg形式の場合、これより後ろの仮引数はすべて「キーワードオンリー」の引数となる。つまりキーワード引数としてしか使えず、位置引数にはなれない：

```
>>> def concat(*args, sep="/"):
...     return sep.join(args)
...
>>> concat("earth", "mars", "venus")
'earth/mars/venus'
>>> concat("earth", "mars", "venus", sep=".")
'earth.mars.venus'
```

4.7.5　引数リストのアンパック

引数にしたいものがすでにリストやタプルになっていて、位置指定型引数を要求する関数のためにアンパックしなければならないという、上とは逆の状況がある。たとえばビルトインの range() 関数は、**スタート**と**ストップ**に別々の引数を想定してい

る。これらが個別に手に入らないときは、*演算子を使って関数をコールすることで、リストやタプルから引数がアンパックした引数を渡すことができる:

```
>>> list(range(3, 6))          # 個別の引数を使った普通のコール
[3, 4, 5]
>>> args = [3, 6]
>>> list(range(*args))         # リストからアンパックした引数でコール
[3, 4, 5]
```

同じように**演算子を使えば、ディクショナリをキーワード引数にして渡すことができる。

```
>>> def parrot(voltage, state='a stiff', action='voom'):
...     print("-- This parrot wouldn't", action, end=' ')
...     print("if you put", voltage, "volts through it.", end=' ')
...     print("E's", state, "!")
...
>>> d = {"voltage": "four million", "state": "bleedin' demised",
...      "action": "VOOM"}
>>> parrot(**d)
-- This parrot wouldn't VOOM if you put four million volts through it.
E's bleedin' demised !
```

4.7.6 lambda（ラムダ）式

キーワードlambdaを使うと小さな無名関数が書ける。lambda a, b: a+bは、2つの引数の和を返す関数である。ラムダ関数は関数オブジェクトが必要な場所すべてに使用できる。ただしこの形式には、単一の式しか持てないという構文上の制限がある。セマンティクス（意味論）的には、この形式は普通の関数定義に構文糖衣をかけてあるだけである。だから入れ子になった関数定義同様、ラムダ関数からもそれを取り囲むスコープの変数が参照できる:

```
>>> def make_incrementor(n):
...     return lambda x: x + n
...
>>> f = make_incrementor(42)
>>> f(0)
42
>>> f(1)
43
```

上記はラムダ式を使って関数を返す例だ。他の用途としては、小さな関数を引数として渡すときにも使える:

```
>>> pairs = [(1, 'one'), (2, 'two'), (3, 'three'), (4, 'four')]
>>> pairs.sort(key=lambda pair: pair[1])
>>> pairs
[(4, 'four'), (1, 'one'), (3, 'three'), (2, 'two')]
```

4.7.7　ドキュメンテーション文字列（docstring）

ドキュメンテーション文字列の内容と形式には多少の慣習があるので書いておく。

1行目はいつでも常にオブジェクトの目的の短く簡潔な要約とすべきである。とにかく簡潔に、オブジェクトの名前や型といった他でも得られることを明示することはしない（ただし関数名がすでにその動作を説明する動詞になっている場合は例外）。この行は大文字で始まり、ピリオドで終わること。

さらに続きがある場合は、ドキュメンテーション文字列の2行目を空行とし、要約と他の記述を視覚的に分離すべきである。以降の行では段落を使い、そのオブジェクトのコールのしかたや副作用などを記述すべきである。

Pythonのパーサは、複数行からなる文字列リテラルのインデントを除去しないので、除去したい場合は、ドキュメントを処理するツールのほうで行う必要がある[5]。これは次のように行うのが慣習となっている。

- まず、最初の行より後にある空白でない行を、ドキュメンテーション文字列全体のインデント量の基準とする（1行目は使えない。これは引用符の直後にあるのが一般的で、そのインデント量は文字列リテラル本体には反映されないためだ）。
- 次に、このインデント量と「等価の」空白を、文字列の各行の頭から除去する。インデント量が足りない行、というのは存在しないはずだが、存在するなら行頭にある空白をすべて除去する。等価の空白がいくつであるかは、タブを（普通はスペース8個に）展開してから判定すべきである。

以下は複数行からなるdocstringの例である：

```
>>> def my_function():
...     """Do nothing, but document it.
...
...     No, really, it doesn't do anything.
...     """
...     pass
```

---

[5] help()のようにdocstringを加工して表示するツールを作成したい場合の話である。

```
...
>>> print(my_function.__doc__)
Do nothing, but document it.          何もせず解説だけ。

    No, really, it doesn't do anything.   本当に何もしません。
```

4.7.8　関数注釈（関数アノテーション）

　関数注釈は、ユーザー定義関数で使われる型についての完全任意のメタデータ情報である（詳細はPEP3107およびPEP484参照）。

　注釈（アノテーション）は関数の`__annotations__`属性にディクショナリとして格納され、関数の他の部分にはいかなる影響もおよぼさない。引数注釈は引数名の後に、コロン、式と続けることで定義でき、この式が評価されて注釈の値となる。返り値注釈は仮引数リストとdef文最後のコロンの手前、仮引数リストとの間にリテラル->および式を挟むことで定義する。以下は位置引数、キーワード引数、返り値のそれぞれに注釈のついた関数である：

```
>>> def f(ham: str, eggs: str = 'eggs') -> str:
...     print("Annotations:", f.__annotations__)
...     print("Arguments:", ham, eggs)
...     return ham + ' and ' + eggs
...
>>> f('spam')
Annotations: {'ham': <class 'str'>, 'return': <class 'str'>, 'eggs':
<class 'str'>}
Arguments: spam eggs
'spam and eggs'
```

4.8　幕間つなぎ：コーディングスタイル

　そろそろもっと長い、もっと複雑なものをPythonで書こうかというところだろうから、コーディングスタイルについて話すには頃合いだろう。多くの言語はさまざまなスタイルで書けるものであり（より簡潔には「フォーマット」でき）、中には他のスタイルより読みやすいものもある。書いたコードを他の人にも読みやすくしておく、というのはよい考えであり、良いコーディングスタイルというのがこれにとてもよく効いてくる。

　Pythonでは、たいていのプロジェクトで固守すべきものとしてPEP8が出てきているが、これはとても読みやすくて目に楽しいコーディングスタイルを推進するものだ。Pythonの開発者なら、いくつかの要点だけでも読んでおくべきだ。そんなわけ

で、もっとも重要なポイントを抜粋してお届けする：

- インデントはスペース4つとし、タブは使わない。4スペースは狭いインデント（深い入れ子が可能になる）と広いインデント（読みやすい）のちょうどよい妥協点だ。タブは混乱の元なので排除するのがベストだ。
- 79文字以下で行を折り返す。これは小型ディスプレイのユーザーを助けるし、大型ディスプレイではコードをいくつも並べられるようになる。
- 関数やクラス、さらには関数内の大きめのブロックを分離するのに空白行を使う。
- 可能であればコメント行は独立させる。
- docstringを使う。
- 演算子の周囲やカンマの後ろにはスペースを入れるが、カッコのすぐ内側には入れない。`a = f(1, 2) + g(3, 4)`のようにする。
- クラスや関数には一貫した命名を行う。クラスには`UpperCamelCase`（単語の頭文字を大文字にして接続するスタイルで頭文字が大文字のもの）を、関数やメソッドには`lower_case_with_underscores`（小文字の単語同士をアンダースコアで繋ぐ）を使う。メソッドの第1引数としては常に`self`を使うようにする（クラスやメソッドについては「9.3　はじめてのクラス」を参照）。
- 国際的な環境で使うつもりのコードでは手前勝手なエンコーディングを使わないこと。PythonのデフォルトであるUTF-8か、さらにプレーンなASCIIが常に最良である。
- 同様に、違う言葉をしゃべる人たちが読んだり保守したりする可能性が少しでもあるコードでは識別子に非ASCIIキャラクタを使わないこと。

5章
データ構造

この章ではすでに学んだことを掘り下げつつ、少々付け加える。

5.1　リストについての補足

リストというデータ型にはもう少しメソッドがある。以下はリストオブジェクトの全メソッドである。

list.append(x)

リストの末尾にアイテムを1つ追加する。a[len(a):] = [x] と等価。

list.extend(iterable)

末尾に反復可能体iterableの全アイテムを追加することでリストを伸長する。a[len(a):] = iterableと等価。

list.insert(i, x)

指定された位置にアイテムを挿入する。第1引数は要素のインデックスである。つまり挿入はこの要素の前に行われる。a.insert(0, x)とするとリストの先頭に挿入されるし、a.insert(len(a), x)はa.append(x)と等価である。

list.remove(x)

値がxに等しい最初のアイテムを削除する。そのようなアイテムが存在しなければValueErrorを送出する。

list.pop([i])

指定された位置のアイテムをリストから削除し、このアイテムを返す。イン
デックスが指定されないと、`a.pop()`はリストの最後のアイテムを返し、リス
トから削除する。（このメソッドシグネチャ（定義表記）でインデックス`i`を囲
むのに使った角カッコは、引数がオプションであることを示しているだけで、
この位置に角カッコを入力すべきだという意味ではない。こうした表記はライ
ブラリリファレンスで、しばしば目にすることになる）。

list.clear()

リストからすべてのアイテムを削除する。`del a[:]`と等価。

list.index(x[, start[, end]])

値が`x`に等しい最初のアイテムのインデックス（0始まり）を返す。そのような
アイテムが存在しなければ`ValueError`を送出する。オプション引数`start`
と`end`はスライス表現として解釈され、検索をリストの特定サブシーケンス内
に限定するのに使われる。このとき返されるインデックスは`start`引数から
ではなく、全シーケンスの最初からの相対値として算出されたものである。

list.count(x)

リスト中の`x`の個数を返す。

list.sort(key=None, reverse=False)

リストをインプレースで（＝コピーを取らず、そのリストオブジェクトを直
接）ソートする。引数でソートのカスタマイズができる。`sorted()`の項を参
照のこと。

list.reverse()

リストの要素をインプレースで逆順にする。

list.copy()

リストのシャローコピー（浅いコピー）を返す。`a[:]`と等価。

これらのリストメソッドを使ってみよう:

```
>>> fruits = ['orange', 'apple', 'pear', 'banana', 'kiwi', 'apple',
...             'banana']
>>> fruits.count('apple')
```

```
2
>>> fruits.count('tangerine')
0
>>> fruits.index('banana')
3
>>> fruits.index('banana', 4)   # 位置4を起点に次のバナナを見つける
6
>>> fruits.reverse()
>>> fruits
['banana', 'apple', 'kiwi', 'banana', 'pear', 'apple', 'orange']
>>> fruits.append('grape')
>>> fruits
['banana', 'apple', 'kiwi', 'banana', 'pear', 'apple', 'orange',
'grape']
>>> fruits.sort()
>>> fruits
['apple', 'apple', 'banana', 'banana', 'grape', 'kiwi', 'orange',
'pear']
>>> fruits.pop()
'pear'
```

　insert、remove、sortといったメソッドがリストを改変するだけで返り値がプリントされないことに気が付かれたかもしれない——これらのデフォルトの返り値はNoneなのだ[1]。Pythonではすべての変更可能なデータ構造について、このような設計原理を採っている。

　もう1つ気付くかもしれないことがある。すべてのデータがソートまたは比較されるわけではないということだ。たとえば、[None, 'hello', 10]は整数と文字列が比較不能であること、Noneが他の型と比較不能であることからソートされない。また、定義済みの順序関係を持たない型というものも存在する。たとえば、3+4j < 5+7jは有効な比較ではない。

5.1.1　リストをスタックとして使う

　リストのメソッドを使えば、リストをスタックとして使うことは簡単だ。スタックでは最後に追加された要素が最初に取得される（「後入れ先出し(last-in, first-out)」）。スタックのトップにアイテムを積むにはappend()を使う。スタックのトップからアイテムを取得するには、インデックスを指定しないpop()を使う。例を示す：

---

[1]　原注：他の言語には、d->insert("a")->remove("b")->sort();のようなメソッド連鎖ができるように改変後のオブジェクトを返すものもある。

```
>>> stack = [3, 4, 5]
>>> stack.append(6)
>>> stack.append(7)
>>> stack
[3, 4, 5, 6, 7]
>>> stack.pop()
7
>>> stack
[3, 4, 5, 6]
>>> stack.pop()
6
>>> stack.pop()
5
>>> stack
[3, 4]
```

5.1.2　リストをキューとして使う

リストはキューとして便利に使うこともできる。キューでは要素を入れた順に取得する（「先入れ先出し（first-in, first-out）」）。とは書いたものの、リストはこの用途では効率が悪い。リストの末尾でappendやpopするのは高速だが、リストの先頭でのinsertやpopは低速なのだ（これは他の要素をすべて1ずつシフトする必要があるためだ）。

キューの実装にはcollections.dequeを使うべきである。こちらは先頭と末尾の両方で要素の追加とポップが高速になるよう設計されている。例を示す：

```
>>> from collections import deque
>>> queue = deque(["Eric", "John", "Michael"])
>>> queue.append("Terry")           # テリーが来た
>>> queue.append("Graham")          # グレアムが来た
>>> queue.popleft()                 # 最初に来た者が去る
'Eric'
>>> queue.popleft()                 # 2番目に来たものが去る
'John'
>>> queue                           # 来た順に並んだキューの現状
deque(['Michael', 'Terry', 'Graham'])
```

5.1.3　リスト内包

リスト内包はリストを生成する簡潔な方法を提供する。よくある使い方として、シーケンスや反復可能体のメンバーそれぞれになんらかの処理を加えて新しいリストを生成したり、ある条件にかなう要素のみを取り出してサブシーケンスを生成するというのがある。

たとえば次のような2乗数のリストを生成したいものとする：

```
>>> squares = []
>>> for x in range(10):
...     squares.append(x**2)
...
>>> squares
[0, 1, 4, 9, 16, 25, 36, 49, 64, 81]
```

xという変数が生成され、ループが終わっても残っていることに注意してほしい。以下の方法を使えば、こうした副作用なしに2乗数のリストを作ることができる:

```
squares = list(map(lambda x: x**2, range(10)))
```

そしてこれと等価なのが:

```
squares = [x**2 for x in range(10)]
```

のリスト内包である。より簡潔で読みやすくなっている。

　リスト内包とは、式とそれに続くfor節から成り、さらに0個以上のfor節やif節を後ろに続け、全体を大カッコ（[]）で囲んだものである。得られるものは、最初の式を後続のfor節やif節の文脈で評価した値による新しいリストである。たとえば次のリスト内包は、2つのリストから要素を取り、両者が同一でなければタプルにまとめる:

```
>>> [(x, y) for x in [1,2,3] for y in [3,1,4] if x != y]
[(1, 3), (1, 4), (2, 3), (2, 1), (2, 4), (3, 1), (3, 4)]
```

これは以下と等価である:

```
>>> combs = []
>>> for x in [1,2,3]:
...     for y in [3,1,4]:
...         if x != y:
...             combs.append((x, y))
...
>>> combs
[(1, 3), (1, 4), (2, 3), (2, 1), (2, 4), (3, 1), (3, 4)]
```

両者のfor文とif文が同じ順序で並んでいることに注目してほしい。

式がタプルであるときは丸カッコが必須である（上の例の(x, y)のように）。

```
>>> vec = [-4, -2, 0, 2, 4]
>>> # 値を2倍にした新しいリストを生成
>>> [x*2 for x in vec]
[-8, -4, 0, 4, 8]
```

```
>>> # 負の数を除去するようにフィルタをかける
>>> [x for x in vec if x >= 0]
[0, 2, 4]
>>> # すべての要素に関数を適用
>>> [abs(x) for x in vec]
[4, 2, 0, 2, 4]
>>> # 各要素にメソッドをコール
>>> freshfruit = ['  banana', '  loganberry ', 'passion fruit  ']
>>> [weapon.strip() for weapon in freshfruit]
['banana', 'loganberry', 'passion fruit']
>>> # 2値のタプル（数値、2乗値）のリストを生成
>>> [(x, x**2) for x in range(6)]
[(0, 0), (1, 1), (2, 4), (3, 9), (4, 16), (5, 25)]
>>> # タプルを丸カッコで囲わなければエラーが送出される
>>> [x, x**2 for x in range(6)]
  File "<stdin>", line 1, in <module>
    [x, x**2 for x in range(6)]
                 ^
SyntaxError: invalid syntax
（構文エラー：無効な構文）
>>> # forを2つ使ってリストを平滑化（1次元化）する
>>> vec = [[1,2,3], [4,5,6], [7,8,9]]
>>> [num for elem in vec for num in elem]
[1, 2, 3, 4, 5, 6, 7, 8, 9]
```

リスト内包には複合式や入れ子の関数を含むことができる：

```
>>> from math import pi
>>> [str(round(pi, i)) for i in range(1, 6)]
['3.1', '3.14', '3.142', '3.1416', '3.14159']
```

5.1.4　入れ子のリスト内包

リスト内包の先頭の式には任意のあらゆる式が使えるので、ここにさらにリスト内包を入れることができる。

長さ4のリスト3個で実装された3×4の行列があるとしよう：

```
>>> matrix = [
...     [1, 2, 3, 4],
...     [5, 6, 7, 8],
...     [9, 10, 11, 12],
... ]
```

次のリスト内包は行と列を入れかえる：

```
>>> [[row[i] for row in matrix] for i in range(4)]
[[1, 5, 9], [2, 6, 10], [3, 7, 11], [4, 8, 12]]
```

前節で見たように、入れ子のリスト内包は後置された for の文脈で評価されるので、この例は以下と等価である：

```
>>> transposed = []
>>> for i in range(4):
...     transposed.append([row[i] for row in matrix])
...
>>> transposed
[[1, 5, 9], [2, 6, 10], [3, 7, 11], [4, 8, 12]]
```

つまり以下と同じだ：

```
>>> transposed = []
>>> for i in range(4):
...     # 以下の3行が入れ子のリスト内包を実装する
...     transposed_row = []
...     for row in matrix:
...         transposed_row.append(row[i])
...     transposed.append(transposed_row)
...
>>> transposed
[[1, 5, 9], [2, 6, 10], [3, 7, 11], [4, 8, 12]]
```

現実には、複雑なフローにはビルトイン関数を使うべきだろう。zip() 関数はこうした場面で大きな働きをする：

```
>>> list(zip(*matrix))
[(1, 5, 9), (2, 6, 10), (3, 7, 11), (4, 8, 12)]
```

この例にあるアスタリスク（*）についての詳細は「4.7.5　引数リストのアンパック」を参照のこと。

5.2　del文

リストのアイテムを削除する際、値でなくインデックスで指定する方法がある。del 文である。これは値を返さないところが pop() メソッドと異なる。del 文はリストからスライスで削除したり、リスト全体の消去（**3章**ではスライスに空リストを代入することで行ったこと）にも使える。例を示す：

```
>>> a = [-1, 1, 66.25, 333, 333, 1234.5]
>>> del a[0]
>>> a
[1, 66.25, 333, 333, 1234.5]
```

```
>>> del a[2:4]
>>> a
[1, 66.25, 1234.5]
>>> del a[:]
>>> a
[]
```

delは変数を丸ごと削除するのにも使える：

```
>>> del a
```

これ以後はaを参照するとエラーになる（別の値を代入しない限り）。delの別の
用途については後述する。

5.3　タプルとシーケンス

リストと文字列にはインデックスやスライス演算など、共通の性質がたくさんあっ
た。これらは**シーケンス**データ型の例なのである（ライブラリリファレンス「シーケ
ンス型 --- list、tuple、range」[†2]参照）。Pythonは進化を続ける言語なので、シーケン
スデータ型はさらに追加されるかもしれない。現状であと1つ存在する標準的なシー
ケンスデータ型がタプルである。

タプルはカンマで区切られた値からなる：

```
>>> t = 12345, 54321, 'hello!'
>>> t[0]
12345
>>> t
(12345, 54321, 'hello!')
>>> # タプルは入れ子にできる
... u = t, (1, 2, 3, 4, 5)
>>> u
((12345, 54321, 'hello!'), (1, 2, 3, 4, 5))
>>> # タプルは変更不能：
... t[0] = 88888
Traceback (most recent call last):
  File "<stdin>", line 1, in <module>
TypeError: 'tuple' object does not support item assignment
（型エラー：'tuple'オブジェクトはアイテム代入をサポートしません）
>>> # しかし可変オブジェクトを格納できる：
... v = ([1, 2, 3], [3, 2, 1])
>>> v
```

†2　https://docs.python.org/ja/3/library/stdtypes.html#sequence-types-list-tuple-range

```
([1, 2, 3], [3, 2, 1])
```

ご覧の通り、出力されるタプルは常に丸カッコに囲まれているので、入れ子のタプルも正しく解釈される。入力の際は、囲みの丸カッコはあってもなくてもよいが、式の一部としてタプルを使っているのでいずれにせよ必要である、ということが多い。タプルのアイテムに代入を行うことは不可能だが、リストなどの可変オブジェクトを含んだタプルを生成することは可能だ。

タプルはリストに似たものに見えるが、使用される状況は異なるし、用途も異なる。タプルは**不変体**（immutable）であり、異種の要素によってシーケンスを作り、各要素にはアンパッキング（この節の後で述べる）やインデックスで（そして名前付きタプルの場合は属性でも）アクセスする、というのが通例だ。リストは**可変体**（mutable）であり、普通は同種の要素から成り、リストに反復をかけることでこれらにアクセスする。

アイテム数が0や1のタプルを作ることには特殊な問題（区切りのカンマがないので他の型と区別できない）があるので、構文にはこれに対処する逃げが作ってある。まず、空のタプルは対になった丸カッコの中を空にしたもので作る。そして1アイテムのタプルは、1つの値の後ろにカンマを付けることで作る（この値を丸カッコで囲む必要はない）。汚いなあ。でも効果的。例を示す：

```
>>> empty = ()
>>> singleton = 'hello',    # <-- ぶら下がったカンマに注目
>>> len(empty)
0
>>> len(singleton)
1
>>> singleton
('hello',)
```

t = 12345, 54321, 'hello!' という文は、**タプル・パッキング**（タプル梱包）の例である。これらの値、12345、54321、'hello!' は、1つのタプルに入る。逆の操作も可能である：

```
>>> x, y, z = t
```

こちらには**シーケンス・アンパッキング**（開梱）という実に適切な呼び名があり、右辺にどんなシーケンスが来てもよい。シーケンスをアンパックするときは、シーケンスの長さに等しい個数の変数のリストが左辺に必要である。多重代入とはタプル・パッキングとシーケンス・アンパッキングの組み合わせにすぎないことに注意。

5.4　集合（set）

　Pythonには集合のためのデータ型まである。集合とは重複しない要素を順不同で
集めたものである。基本的な用途としては存在判定（membership testing）や、重複
エントリの排除がある。集合オブジェクトはまた、和、交差、差、対称差といった数
学的演算をサポートしている。

　集合の生成には中カッコ{}またはset()関数を使用する。空の集合を生成するに
は{}じゃなくset()を使う必要がある。前者は空のディクショナリ（次節に論ずるデー
タ構造）を生成してしまう。

　以下は簡単なデモである：

```
>>> basket = {'apple', 'orange', 'apple', 'pear', 'orange', 'banana'}
>>> print(basket)                      # 重複が除去されている
{'orange', 'banana', 'pear', 'apple'}
>>> 'orange' in basket                  # 高速な存在判定
True
>>> 'crabgrass' in basket
False

>>> # 2つの単語から非重複（ユニーク）文字を取って集合演算を実演
...
>>> a = set('abracadabra')
>>> b = set('alacazam')
>>> a                                   # aのユニーク文字
{'a', 'r', 'b', 'c', 'd'}
>>> a - b                               # aに存在しbにはない文字
{'r', 'd', 'b'}
>>> a | b                               # aまたはbまたは両者に存在する文字
{'a', 'c', 'r', 'd', 'b', 'm', 'z', 'l'}
>>> a & b                               # aにもbにも存在する文字
{'a', 'c'}
>>> a ^ b                               # aまたはbにある共通しない文字
{'r', 'd', 'b', 'm', 'z', 'l'}
```

リスト内包とよく似た集合内包もサポートされている：

```
>>> a = {x for x in 'abracadabra' if x not in 'abc'}
>>> a
{'r', 'd'}
```

5.5　ディクショナリ

　Pythonに組み込まれた、もう1つの有用なデータ型がディクショナリである（ライ

ブラリリファレンス「マッピング型 --- dict」[†3]参照)。ディクショナリは他の言語でも「連想記憶[†4]」や「連想配列」、「ハッシュ」として存在することがある。シーケンスには連続した数字によるインデックスが付いているのに対し、ディクショナリにはキーによるインデックスが付いている。キーにはあらゆる不変型が使える。文字列や数値は常にキーとして使える。タプルもキーとして使える。ただしこれはタプルが文字列、数値、タプルのみを含む場合である。可変型のオブジェクトが直接間接に含まれているタプルは、キーとして使えない。リストもキーとして使えない。インデックス代入やスライス代入、さらには append() や extend() といったメソッドにより、インプレースで改変できてしまうからである。

　ディクショナリは、キーの唯一性（1つのディクショナリの中で重複しないこと）を条件とするので、「キー：値」ペアの集合、と考えるのがもっとも適切だ。中カッコ対「{}」を書けば空のディクショナリになる。カンマで区切った一連の「キー：値」ペアをこの中カッコに入れれば、ディクショナリの初期値としてこの「キー：値」ペア群を与えることになる。この形式は、ディクショナリが出力に書き出されるときにも使われる。

　ディクショナリの主たる作用は、値を何らかのキーとともに格納し、キー指定で値を引きだすことである。del により「キー：値」をペアごと削除することもできる。すでに使われているキーを使って格納を行うと、前の値は失われる。存在しないキーで値を引きだそうとすればエラーになる。

　ディクショナリに list(d.keys()) をかけると、そのディクショナリにあるすべてのキーからなる未ソートのリストを返す（ソートしたい場合は sorted(d.keys()) とすればよい）。あるキーがディクショナリに存在するかチェックしたいときは、キーワード in を使うとよい。

　以下はディクショナリのささやかな用例である：

```
>>> tel = {'jack': 4098, 'sape': 4139}
>>> tel['guido'] = 4127
>>> tel
{'jack': 4098, 'sape': 4139, 'guido': 4127}
>>> tel['jack']
4098
>>> del tel['sape']
>>> tel['irv'] = 4127
```

[†3]　https://docs.python.org/ja/3/library/stdtypes.html#mapping-types-dict
[†4]　訳注：「連想記憶（associative memories）」という名前のデータ型を持ったプログラム言語はおそらくないが、もう少し抽象的な概念としては使われる用語。

```
>>> tel
{'jack': 4098, 'guido': 4127, 'irv': 4127}
>>> list(tel)
['jack', 'guido', 'irv']
>>> sorted(tel)
['guido', 'irv', 'jack']
>>> 'guido' in tel
True
>>> 'jack' not in tel
False
```

`dict()`コンストラクタは、「キー：値」ペアのタプルから成るシーケンスからディクショナリを構築する。

```
>>> dict([('sape', 4139), ('guido', 4127), ('jack', 4098)])
{'sape': 4139, 'guido': 4127, 'jack': 4098}
```

また、辞書内包を使えばキーと値を与える任意の式からディクショナリが生成できる：

```
>>> {x: x**2 for x in (2, 4, 6)}
{2: 4, 4: 16, 6: 36}
```

キーが簡単な文字列なら、キーワード引数でペアを指定するのが楽な場合もある：

```
>>> dict(sape=4139, guido=4127, jack=4098)
{'sape': 4139, 'guido': 4127, 'jack': 4098}
```

5.6　ループのテクニック

ディクショナリにループをかけるとき、`items()`メソッドを使えば、キーとそれに対応した値を同時に得られる：

```
>>> knights = {'gallahad': 'the pure', 'robin': 'the brave'}
>>> for k, v in knights.items():
...     print(k, v)
...
gallahad the pure
robin the brave
```

シーケンスにループをかけるとき、`enumerate()`関数を使うと位置インデックスとそれに対応した値を同時に得られる：

```
>>> for i, v in enumerate(['tic', 'tac', 'toe']):
...     print(i, v)
...
0 tic
1 tac
2 toe
```

2つ以上のシーケンスに同時にループをかけるときは、zip()関数を使うと両者のエントリをペアにできる：

```
>>> questions = ['name', 'quest', 'favorite color']
>>> answers = ['lancelot', 'the holy grail', 'blue']
>>> for q, a in zip(questions, answers):
...     print('What is your {0}? It is {1}.'.format(q, a))
...
What is your name? It is lancelot.
What is your quest? It is the holy grail.
What is your favorite color? It is blue.
```

シーケンスを逆順にループするには、まずシーケンスを正順で指定し、これにreversed()関数をコールする：

```
>>> for i in reversed(range(1, 10, 2)):
...     print(i)
...
9
7
5
3
1
```

シーケンスをソート順にループするにはsorted()関数を使う。この関数は元のシーケンスには触らず、新たにソート済みのリストを返す：

```
>>> basket = ['apple', 'orange', 'apple', 'pear', 'orange', 'banana']
>>> for i in sorted(basket):
...     print(i)
...
apple
apple
banana
orange
orange
pear
```

シーケンスにset()を使うと重複要素を取り除く。set()とsorted()を組み合

わせると、シーケンス内の要素に重複なしのソート順で反復をかけるときの慣例手法
になる。

```
>>> basket = ['apple', 'orange', 'apple', 'pear', 'orange', 'banana']
>>> for f in sorted(set(basket)):
...     print(f)
...
apple
banana
orange
pear
```

　ループ中のリストを改変したい欲求はときにあるものだが、新しいリストを作った
ほうが簡単で安全だ。

```
>>> import math
>>> raw_data = [56.2, float('NaN'), 51.7, 55.3, 52.5, float('NaN'),
47.8]
>>> filtered_data = []
>>> for value in raw_data:
...     if not math.isnan(value):
...         filtered_data.append(value)
...
>>> filtered_data
[56.2, 51.7, 55.3, 52.5, 47.8]
```

5.7　条件についての補足

　while文やif文で使われる条件には、比較だけでなくあらゆる演算子が使える。
　比較演算子inおよびnot inは、シーケンスに値が存在するか（および存在しない
か）をチェックする。演算子isおよびis notは、2つのオブジェクトを比較して完
全に同一であるかを調べる（同一性が問題になるのはリストのような可変オブジェク
トのみだ）。比較演算子の優先順位はすべて同等で、どれもすべての数値演算子より
低い。
　比較は連鎖させられる。たとえば「a < b == c」とすれば、aがbより小さく、か
つbがcに等しいかどうかを判定できる[5]。
　比較はブール演算子のandおよびorにより組み合わせることができ、また比較の
結論（および他の全ブール式）は、notによる否定ができる。これらの優先順位は比

---

[5]　訳注：またこのおかげで、よくあるa > 1 and a < 3の代わりに1 < a < 3と書ける。

較演算子より低い。またこの演算子の中ではnotの順位がもっとも高く、orがもっとも低いので、「A and not B or C」は「(A and (not B)) or C」と等価である。また例のごとく、望みの構成を表現するのに丸カッコが使える。

　ブール演算子andおよびorはよく短絡演算子と呼ばれる。これは、引数（演算対象）の評価が左から右に行われ、結論が決定した時点で評価をやめるからである。たとえば「if A and C」が真であってもBが偽であれば、「A and B and C」は式Cを評価しない。ブール値でなく一般値が使われたときは、短絡演算子の返り値は最後に評価された引数となる。

　比較その他のブール式の結果は変数に代入できる。このようにする：

```
>>> string1, string2, string3 = '', 'Trondheim', 'Hammer Dance'
>>> non_null = string1 or string2 or string3
>>> non_null
'Trondheim'
```

PythonはCと異なり、式の中での代入はセイウチ演算子:=を使って明示的に行う必要がある。これは==と書きたいところで=と書いてしまうというCプログラムの非常によくある問題を回避するものだ。

5.8　シーケンスの比較、その他の型の比較

　シーケンスオブジェクトは同じシーケンス型の他のオブジェクトと比較されることがよくある。この比較には辞書的順序を使用する。これはまず最初のアイテム同士を比較し、両者が異なっていればその大小が結論として使われ、同じであれば2番目のアイテム同士の比較にいく。同じアイテムが続くなら、どちらかのシーケンスがなくなるまで比較が続けられる。比較されている2つのアイテム同士がまた同じシーケンス型同士だった場合、辞書的比較が再帰的に行われる。2つのシーケンスのアイテムがすべて同一であれば、両シーケンスは同一であると考えられる。2つが基本的に同じシーケンスで、片方の長さが短いときは、この短いほうが小となる。文字列の辞書的順序には、個々の文字のUnicodeコードポイント番号を使う。同一の型を比較する例をいくつか示す：

```
(1, 2, 3)                < (1, 2, 4)
[1, 2, 3]                < [1, 2, 4]
'ABC' < 'C' < 'Pascal' < 'Python'
(1, 2, 3, 4)             < (1, 2, 4)
(1, 2)                   < (1, 2, -1)
```

```
(1, 2, 3)               == (1.0, 2.0, 3.0)
(1, 2, ('aa', 'ab'))    < (1, 2, ('abc', 'a'), 4)
```

　ちなみに異なる型のオブジェクト同士を<や>で比較することは、それらのオブジェクトが適切な比較メソッドを有す限り正当な操作である。たとえば、異なる数値型同士はその数字の値で比較されるので、0と0.0は等しくなる。このような場合以外、インタープリタは恣意的な順序づけを提供することはせず、TypeError例外を送出する。

6章
モジュール

　Pythonインタープリタを抜けてもう一度入り直すと、以前に行った定義は（関数も変数も）失われている。だから少しでも長いプログラムを書こうと思うなら、インタープリタに食わせる内容はテキストエディタで書いておき、このファイルを入力に取って実行するようにしたほうがよい。これをスクリプトの作成という。プログラムが長くなれば、メンテナンスしやすいように複数のファイルに分割したくなるだろう。また、便利な関数を書いたら、定義をいちいちコピーしないでさまざまなプログラムに使いたくなるだろう。

　こうしたことをサポートすべく、Pythonはファイルに定義を仕込んでスクリプトや対話セッションで使う手段を持つ。このファイルをモジュールという。あるモジュールで定義されたものは、他のモジュールやmainモジュール（電卓モード〔対話モード〕やトップレベルで実行されるスクリプトからアクセスできる変数の集まりのことをこう呼ぶ）に取り入れる（import〔インポート〕する）ことができる。

　モジュールとは、Pythonの定義や文が入ったファイルである。そのファイル名は、モジュール名に接尾辞.pyを付けたものである。モジュールの中では、グローバル変数__name__の値としてモジュール名（文字列）がセットされている。たとえばお好みのテキストエディタで、いまいるディレクトリにfibo.pyというファイルを作ってみてほしい。中身はこのようにする：

```
# フィボナッチ数モジュール

def fib(n):     # nまでのフィボナッチ級数を書き出す
    a, b = 0, 1
    while a < n:
        print(a, end=' ')
        a, b = b, a+b
    print()
```

```
def fib2(n):    # nまでのフィボナッチ級数を返す
    result = []
    a, b = 0, 1
    while a < n:
        result.append(a)
        a, b = b, a+b
    return result
```

Pythonインタープリタに入って、このモジュールをインポートしてみよう：

```
>>> import fibo
```

こうしても、fiboで定義された関数の名前が現在のシンボル表に直接入るわけではない。モジュール名であるfiboのみが入るのだ。関数にアクセスするには、このモジュール名を使う：

```
>>> fibo.fib(1000)
0 1 1 2 3 5 8 13 21 34 55 89 144 233 377 610 987
>>> fibo.fib2(100)
[0, 1, 1, 2, 3, 5, 8, 13, 21, 34, 55, 89]
>>> fibo.__name__
'fibo'
```

関数を頻繁に使いたいときはローカル変数に代入すればよい：

```
>>> fib = fibo.fib
>>> fib(500)
0 1 1 2 3 5 8 13 21 34 55 89 144 233 377
```

6.1　さらにモジュールについて

　モジュールには関数定義のほか、実行可能な文を入れることができる。これはモジュールの初期化に使うことを意図したものだ。これらの文は、モジュールを使う側でimport文によりモジュール名にはじめて遭遇したときだけ実行される[1]。（ファイルがスクリプトとして実行されたときにも走る）。
　モジュールはそれぞれがプライベートなシンボル表を持つ。このシンボル表はそのモジュールで定義されるすべての関数にとってのグローバルシンボル表である。ゆえにモジュール作者は、モジュール利用者のグローバル変数と衝突する心配なしに、モ

---

[1]　原注：実のところ、関数定義もまた「実行」される「文」である。モジュールレベル関数の実行は、その関数名をモジュールのグローバルシンボル表に加える。

ジュール内でのグローバル変数が使える。逆に言えば利用者の方も、やっていることに自覚があれば、関数と同様の modulename.itemname の形で、モジュールのグローバル変数にアクセスしてもよいのである。

モジュールから他のモジュールをインポートすることもできる。すべての import 文をモジュールの（またはスクリプトの）先頭に置くことは、慣例ではあるが必須ではない。インポートされたモジュールの名前は、インポートした側のモジュールのグローバルシンボル表に配置される。

import 文には別の構文もある。これはモジュール内で定義されている名前を、import する側のシンボル表に直接取り込むものだ。例を示す：

```
>>> from fibo import fib, fib2
>>> fib(500)
0 1 1 2 3 5 8 13 21 34 55 89 144 233 377
```

こうすると、モジュール名自体はローカルシンボル表に導入されない（だからこの例で言うと、fibo は未定義になる）。

モジュールが定義する名前をすべて取り込むバリエーションもある：

```
>>> from fibo import *
>>> fib(500)
0 1 1 2 3 5 8 13 21 34 55 89 144 233 377
```

こちらはアンダースコア（_）で始まる以外のすべての名前を取り込む。Python プログラマはこの機構をあまり使わないが、それはこれがインタープリタに未知の名前集合を取り込み、定義済みの何かを隠蔽してしまいうるからである。

一般的に言えば、モジュールやパッケージからの「import *」は嫌がられる。可読性に乏しいコードをもたらしやすいからだ。とはいえ、インタラクティブセッションでタイプ量を減らすのに使うのは OK だ。

モジュール名に続いて as がある場合、as に続く名前はインポートされたモジュールオブジェクトに直接結合される。

```
>>> import fibo as fib
>>> fib.fib(500)
0 1 1 2 3 5 8 13 21 34 55 89 144 233 377
```

これは実質的に import fibo と同じ方法でインポートしているが、fib の名で使用できるという違いがある。

これは from とともに使うこともできて、同じような効果がある：

```
>>> from fibo import fib as fibonacci
>>> fibonacci(500)
0 1 1 2 3 5 8 13 21 34 55 89 144 233 377
```

 実行効率上の理由により、各モジュールはあるインタープリタ・セッションに
つき1度しかインポートされない。従って、モジュールを変更した場合はイ
ンタープリタを再起動する必要がある――または、対話的にテストしたいモ
ジュールが1つだけあるような場合は、`importlib.reload()` 関数を使え
ばよい。`import importlib; importlib.reload(modulename)` の
ようにする。

6.1.1　モジュールをスクリプトとして実行する

Pythonモジュールを以下のように実行すると：

```
python fibo.py 引数
```

モジュール中のコードは import 時と同様に実行される。ただしその
`__name__`は`"__main__"`となる。これはつまり、次のようなコードをモジュール
末尾に追加することにより：

```
if __name__ == "__main__":
    import sys
    fib(int(sys.argv[1]))
```

そのファイルをスクリプトとしても、また import 可能なモジュールとしても使え
るようにできるということだ。コマンドラインをパースするコードはモジュールが
「メイン」ファイルとして実行されたときのみ走るからだ：

```
$ python fibo.py 50
0 1 1 2 3 5 8 13 21 34
```

モジュールとしてインポートされたときは、このコードは走らない：

```
>>> import fibo
>>>
```

これはモジュールに便利なユーザーインターフェイスを付ける手段として、あるい
はテストをおこなうために、よく使われている（モジュールをスクリプトとして走ら
せたときテストスイートを実行するのだ）。

6.1.2 モジュールの検索パス

spamという名前のモジュールがインポートされるとき、インタープリタはまずビルトインモジュールの中にこの名前のモジュールがないか検索する。見つからなければsys.path変数で得られるディレクトリのリストを使ってspam.pyというファイルを検索する。sys.pathは以下の場所に初期化されている：

- 入力スクリプトのあるディレクトリ（ファイル名が指定されていないときはカレントディレクトリ）
- PYTHONPATH（ディレクトリ名のリスト。構文はシェル変数PATHと同じ）
- インストールごとのデフォルト

シンボリックリンクをサポートするファイルシステムでは、入力スクリプトはシンボリックリンクをたどった先にあるものとされる。言い換えれば、シンボリックリンクを置いてあるディレクトリはモジュール検索パスに**入らない**。

sys.pathは初期化後にプログラムから改変できる。実行中のスクリプトのあるディレクトリは、検索パスの最初、標準ライブラリのパスよりも前方に置かれる。つまりこちらのディレクトリに標準ライブラリのモジュールと同名のスクリプトが存在すれば、優先的にロードされることになる。本気で置き換えたいのでなければエラーである。さらなる情報は「6.2 標準モジュール」を参照のこと。

6.1.3 「コンパイル済み」Pythonファイル

モジュール読み込みの高速化のため、Pythonはコンパイル済みのモジュールを__pycache__ディレクトリに「module.バージョン名.pyc」の名前でキャッシュする。「バージョン名」はコンパイルされたファイルの形式をコード化したもので、一般的にはPythonのバージョンナンバーを含む。たとえばCPythonリリース3.3でspam.pyをコンパイルしたバージョンは、__pycache__/spam.cpython-33.pycとしてキャッシュされる。この命名規約により、異なるリリース、異なるバージョンのPythonでコンパイルされたモジュール同士が共存できるようになっている。

Pythonはソースファイルの最終変更日時をコンパイル済みのバージョンと比較し、再コンパイルが必要か判断する。これは完全に自動的に行われる。また、コンパイル済みのモジュールはプラットフォーム非依存なので、1つのライブラリを異なるアー

キテクチャのシステム間で共有できる。

　Pythonは以下の2つの状況ではキャッシュをチェックしない。1つはつねに再コンパイルが行われ結果を保存しない状況で、これはモジュールがコマンドラインから直接ロードされるときにおきる。もう1つはキャッシュのチェックが行われない状況で、これはモジュールのソースファイルがないときにおきる。ソース無しでの配布（コンパイル済みファイルのみ）をサポートするには、コンパイル済みのモジュールをソースディレクトリに置くこと、ソースファイルを置かないことが必須である。

　エキスパート向けの小技を少し：

- コマンドラインから起動するコマンドに-Oや-OOのスイッチを使うとコンパイル済みモジュールファイルのサイズを小さくすることができる。-Oスイッチはassert文を取り除き、-OOスイッチはassert文と__doc__文字列を取り除く。この文字列の存在に依存したプログラムもあるかもしれないので、何をしているか判っている場合にのみこのオプションを使うこと。この「最適化」されたモジュールにはopt-タグが付き、普通はサイズが小さくなる。将来のリリースでは最適化により起きることが変更されるかもしれない。
- 最適化された.pycファイルから読まれたプログラムも、.pyファイルから読まれたときに比べて動作が速くなるわけではない。.pycにしておけば読み込むのが速いだけだ。
- compileallモジュールを使うと、ディレクトリのモジュールすべての.pycファイルが生成できる。
- この処理の詳細についてはPEP 3147を参照のこと。判断のフローチャートも掲載されている。

6.2　標準モジュール

　Pythonには標準モジュールのライブラリが付属する。これについては「Python Library Reference」（以降、「ライブラリリファレンス」）という別ドキュメントに解説がある。モジュールにはインタープリタに組み込みのものもある。これらは言語コアの構成要素として組み込まれているわけではなく、性能上の必要性やシステムコールのようなOSプリミティブへのアクセスを提供するために組み込みとされている。こうしたモジュールの構成はインストール時の設定で決まるが、プラットフォーム依存の部分もある。たとえばwinregモジュールはWindowsシステムにのみ提供され

る。特筆すべきモジュールの1つがsysである。これはすべてのPython インタープ
リタで組み込みになっている。sys.ps1およびsys.ps2は、プライマリプロンプト
とセカンダリプロンプトを定義した文字列である：

```
>>> import sys
>>> sys.ps1
'>>> '
>>> sys.ps2
'... '
>>> sys.ps1 = 'C> '
C> print('ウゲェ〜！')
ウゲェ〜！
C>
```

この2つの変数は、インタープリタが対話モードにあるときのみ定義されている。

変数sys.pathはインタープリタのモジュール検索パスを指定する文字列のリスト
である。これは環境変数PYTHONPATHを使って、またはPYTHONPATHがセットされて
いないときは組み込みのデフォルトを使って、デフォルトパスとして初期化されてい
る。これは標準のリスト操作で改変することができる：

```
>>> import sys
>>> sys.path.append('/ufs/guido/lib/python')
```

6.3　dir()関数

ビルトイン関数dir()は、モジュールが定義している名前を確認するのに使う。返
り値は文字列のリストで、ソート済になっている：

```
>>> import fibo, sys
>>> dir(fibo)
['__name__', 'fib', 'fib2']
>>> dir(sys)
['__breakpointhook__', '__displayhook__', '__doc__', '__excepthook__',
 '__interactivehook__', '__loader__', '__name__', '__package__',
 '__spec__', '__stderr__', '__stdin__', '__stdout__',
 '__unraisablehook__', '_clear_type_cache', '_current_frames',
 '_debugmallocstats', '_framework', '_getframe', '_git', '_home',
 '_xoptions', 'abiflags', 'addaudithook', 'api_version', 'argv',
 'audit', 'base_exec_prefix', 'base_prefix', 'breakpointhook',
 'builtin_module_names', 'byteorder', 'call_tracing', 'callstats',
 'copyright', 'displayhook', 'dont_write_bytecode', 'exc_info',
 'excepthook', 'exec_prefix', 'executable', 'exit', 'flags',
 'float_info', 'float_repr_style', 'get_asyncgen_hooks',
```

```
  'get_coroutine_origin_tracking_depth', 'getallocatedblocks',
  'getdefaultencoding', 'getdlopenflags', 'getfilesystemencodeerrors',
  'getfilesystemencoding', 'getprofile', 'getrecursionlimit',
  'getrefcount', 'getsizeof', 'getswitchinterval', 'gettrace',
  'hash_info', 'hexversion', 'implementation', 'int_info', 'intern',
  'is_finalizing', 'last_traceback', 'last_type', 'last_value',
  'maxsize', 'maxunicode', 'meta_path', 'modules', 'path', 'path_hooks',
  'path_importer_cache', 'platform', 'prefix', 'ps1', 'ps2',
  'pycache_prefix', 'set_asyncgen_hooks',
  'set_coroutine_origin_tracking_depth', 'setdlopenflags', 'setprofile',
  'setrecursionlimit', 'setswitchinterval', 'settrace', 'stderr', 'stdin',
  'stdout', 'thread_info', 'unraisablehook', 'version', 'version_info',
  'warnoptions']
```

引数なしの dir() は現在のレベルで定義されている名前のリストを返す：

```
>>> a = [1, 2, 3, 4, 5]
>>> import fibo
>>> fib = fibo.fib
>>> dir()
['__builtins__', '__name__', 'a', 'fib', 'fibo', 'sys']
```

変数、モジュール、関数など、すべての型の名前がリストアップされていることに注意。

dir() はビルトインの関数名と変数名をリストアップしない。これらは標準モジュール builtins で定義されている：

```
>>> import builtins
>>> dir(builtins)
['ArithmeticError', 'AssertionError', 'AttributeError', 'BaseException',
 'BlockingIOError', 'BrokenPipeError', 'BufferError', 'BytesWarning',
 'ChildProcessError', 'ConnectionAbortedError', 'ConnectionError',
 'ConnectionRefusedError', 'ConnectionResetError', 'DeprecationWarning',
 'EOFError', 'Ellipsis', 'EnvironmentError', 'Exception', 'False',
 'FileExistsError', 'FileNotFoundError', 'FloatingPointError',
 'FutureWarning', 'GeneratorExit', 'IOError', 'ImportError',
 'ImportWarning', 'IndentationError', 'IndexError', 'InterruptedError',
 'IsADirectoryError', 'KeyError', 'KeyboardInterrupt', 'LookupError',
 'MemoryError', 'NameError', 'None', 'NotADirectoryError',
 'NotImplemented', 'NotImplementedError', 'OSError', 'OverflowError',
 'PendingDeprecationWarning', 'PermissionError', 'ProcessLookupError',
 'ReferenceError', 'ResourceWarning', 'RuntimeError', 'RuntimeWarning',
 'StopIteration', 'SyntaxError', 'SyntaxWarning', 'SystemError',
 'SystemExit', 'TabError', 'TimeoutError', 'True', 'TypeError',
 'UnboundLocalError', 'UnicodeDecodeError', 'UnicodeEncodeError',
 'UnicodeError', 'UnicodeTranslateError', 'UnicodeWarning', 'UserWarning',
```

```
'ValueError', 'Warning', 'ZeroDivisionError', '_', '__build_class__',
'__debug__', '__doc__', '__import__', '__name__', '__package__', 'abs',
'all', 'any', 'ascii', 'bin', 'bool', 'bytearray', 'bytes', 'callable',
'chr', 'classmethod', 'compile', 'complex', 'copyright', 'credits',
'delattr', 'dict', 'dir', 'divmod', 'enumerate', 'eval', 'exec', 'exit',
'filter', 'float', 'format', 'frozenset', 'getattr', 'globals',
'hasattr', 'hash', 'help', 'hex', 'id', 'input', 'int', 'isinstance',
'issubclass', 'iter', 'len', 'license', 'list', 'locals', 'map', 'max',
'memoryview', 'min', 'next', 'object', 'oct', 'open', 'ord', 'pow',
'print', 'property', 'quit', 'range', 'repr', 'reversed', 'round',
'set', 'setattr', 'slice', 'sorted', 'staticmethod', 'str', 'sum',
'super', 'tuple', 'type', 'vars', 'zip']
```

6.4　パッケージ

　パッケージとは、「ドット区切りのモジュール名」を使ってPythonのモジュールを編成する方法だ。たとえばモジュール名A.Bは、パッケージAにあるサブモジュールBを指す。モジュールの作者同士はモジュールという機構を使うことで、たがいのグローバル変数名を気にせずに済むようになっていたが、これとまったく同じように、NumPyやPillowといった多数のモジュールからなるパッケージの作者同士も、ドット区切モジュール名を使うことで、お互いのモジュール名を気にせずに済むようになる。

　たとえば、あなたはサウンドファイルとサウンドデータを統一的に扱うために、モジュールの集まり（「パッケージ」）を設計したいものとする。サウンドファイルの形式はたくさんあるので（普通は.wav、.aiff、.auなど、拡張子で見分ける）、さまざまな形式同士で変換をするためには、モジュール群を作成し続け、メンテナンスし続ける必要があるだろう。サウンドデータに対して行う操作も多々あるので（ミキシング、エコーをかける、イコライザー関数の適用、疑似ステレオ効果の生成など）、あなたはこうした操作を行うモジュールを絶え間なく無限に書き続けるつもりであるとする。あなたのパッケージは以下のように構成できる（階層型ファイルシステム風に表現してある）：

```
sound/                          トップレベルパッケージ
      __init__.py               soundパッケージの初期化
      formats/                  ファイル形式間変換用のサブパッケージ
            __init__.py
            wavread.py
            wavwrite.py
            aiffread.py
```

```
         aiffwrite.py
         auread.py
         auwrite.py
         ...
  effects/                  エフェクタ用のサブパッケージ
         __init__.py
         echo.py
         surround.py
         reverse.py
         ...
  filters/                  フィルタ用のサブパッケージ
         __init__.py
         equalizer.py
         vocoder.py
         karaoke.py
         ...
```

このパッケージをインポートすると、Pythonはパッケージのサブディレクトリを
探してsys.path中のディレクトリを検索する。

あるディレクトリをパッケージを含むものとして扱わせるには、__init__.py
ファイルが必要だ。この扱いは、よくある名前、たとえばstringという名のディ
レクトリが、モジュールサーチパスの後のほうで出てくるモジュールを意図せず隠
してしまうことを防ぐためにある。もっとも簡単な__init__.pyとして、単なる
空ファイルを使うこともできるが、パッケージの初期化コードを実行したり、後述
の__all__変数をセットしたりすることもできる。

ユーザーは次のように、パッケージから個々のモジュールをインポートできる：

```
import sound.effects.echo
```

これによりサブモジュールsound.effects.echoがロードされる。これに対する
参照はフルネームで行わねばならない：

```
sound.effects.echo.echofilter(input, output, delay=0.7, atten=4)
```

サブモジュールをロードするには別の方法もある：

```
from sound.effects import echo
```

これはやはりサブモジュールechoをロードするが、パッケージの接頭辞を除いて
くれるため、次のように使えるようになる：

```
echo.echofilter(input, output, delay=0.7, atten=4)
```

さらに、目的の関数や変数を直接インポートするやり方もある：

```
from sound.effects.echo import echofilter
```

これもサブモジュール echo をロードするが、こちらを使うと中の関数
echofilter() を直接利用可能となる：

```
echofilter(input, output, delay=0.7, atten=4)
```

「from パッケージ import アイテム」の構文を使うとき、**アイテム**はパッケージ
のサブモジュール（またはサブパッケージ）でもよいし、関数、クラス、変数など、
パッケージで定義された他の名前でもよいことに注意。import 文は**アイテム**がパッ
ケージで定義されているかどうかをまず判定する。定義されていなければこれをモ
ジュールと想定してロードしようとする。そして見つからなければ ImportError 例
外が送出される。

逆に、「import アイテム.サブアイテム.サブサブアイテム」の構文を使うとき
は、最後の**サブサブアイテム**以外はパッケージでなければならない。最後の**サブサブ
アイテム**はモジュールでもパッケージでもよいが、直前の**サブアイテム**で定義される
クラス、関数、変数などではいけない。

6.4.1　パッケージから * をインポート

それではユーザーが「from sound.effects import *」と書いたらどうなるだ
ろう。理論的には、なんらかのやり方でファイルシステムを見て、パッケージにどの
ようなサブモジュールがあるか調べ、すべてインポートすることを期待してもよいだ
ろう。これには長い時間がかかるかもしれないし、サブモジュールを暗黙にインポー
トすることにより、明示的にインポートしたときにのみ起きるべきことが、望ましく
ない副作用として起きるかもしれない。

この問題への唯一の解は、作者に明示的なパッケージ索引を提供させることだ。だ
から import 文には次のような規定がある：「パッケージの__init__.py のコード
が__all__というリストを定義していれば、それは「from パッケージ import *」
の際にインポートすべきモジュール名のリストである。」パッケージの新バージョン
がリリースされるとき、このリストが最新状態に保たれているかどうかは作者次第で
ある。import *の使用を想定しないパッケージ作者は、このリストをサポートしな
いこともできる。sound/effects/__init__.py では、たとえば次のようなコード
を入れることができる：

```
__all__ = ["echo", "surround", "reverse"]
```

　これにより、「from sound.effects import *」は指定されている3つのサブモジュールをインポートする。

　__all__が定義されていないとき、「from sound.effects import *」がsound.effectsパッケージのすべてのモジュールを現在の名前空間にインポートすることはない。この文はパッケージsound.effectsのインポート（__init__.pyに初期化コードがあれば実行する）と、パッケージ本体で定義されているすべての名前のインポートのみを保証する。__init__.pyの中でなんらかの名前が定義されていれば（あるいは、明示的にロードされているサブモジュールがあれば）、それらもインポートされる。さらに、それまでのimport文で明示的にロードされていたサブモジュールがあれば、そちらもインポートされる。次のようなコードがあるとする：

```
import sound.effects.echo
import sound.effects.surround
from sound.effects import *
```

　この例では、echoおよびsurroundモジュールが現在の名前空間にインポートされる。なぜなら、両者はfrom ... import文が実行される時点で、sound.effectsパッケージの中にあるものとして定義されているためである（__all__に定義されていてもこのようになる）。

　モジュールによっては、import *とした際に、あるパターンに従う名前のみをエクスポートするよう設計されているものもあるが、これはプロダクションコードとしては悪習であると考えられている。

　「from パッケージ import 指定のサブモジュール」を使えば何も悪いことはない！ ということを忘れないでほしい。実のところこれは、使っている他のパッケージのサブモジュールと名前衝突するのでない限り、推奨される表記なのだ。

6.4.2　パッケージ内の相互参照

　パッケージが（上の例のsoundモジュールのように）サブパッケージにより構成されているとき、姉妹パッケージの参照方法としては、まず通常の絶対インポートを使うことができる。たとえばsound.filters.vocoderからsound.effectsパッケージのechoモジュールを使いたいときに、from sound.effects import echoとするのだ。

　次に、やはり「from モジュール import 名前」の形式を使いつつ、相対インポー

ト文を書くこともできる。相対インポートでは、関わっている現在のパッケージ名や親パッケージ名を、前置したドットによって示す。たとえばsurroundモジュールからは次のように書ける：

```
from . import echo
from .. import formats
from ..filters import equalizer
```

相対インポートがカレント（現在の）モジュールに基づいて行われることに注意。メインモジュールの名前は常に"__main__"となるので、Pythonアプリケーションのメインモジュールとして使うことがあるモジュールからは、いつも絶対インポートを使うこと。

6.4.3 複数のディレクトリにまたがるパッケージ

パッケージには、もう1つ特殊属性がある。__path__である。これはパッケージの__init__.pyが実行される前に、__init__.pyが存在するディレクトリ名を含んだリストとして初期化される。この変数は改変可能であり、書き換えることでパッケージに含まれるモジュールやサブパッケージの検索に影響をおよぼすことができる。

この機能はいつも必要なわけではないが、パッケージが持つモジュールの集合を拡張したいときに使える。

7章
入出力

プログラムの出力を提示する方法はいくつかある。データは人に読みやすいようプリントすることも、将来の利用に備えてファイルに書き出すこともできるのだ。この章ではそうした手法の一部について論じる。

7.1　手の込んだ出力フォーマット

これまでに、値を書き出す方法は2種類出てきている。**式文**[†1]と print() 関数である。(3番目はファイルオブジェクトで write() メソッドを使うことだ。標準出力のファイルオブジェクトは sys.stdout として参照できる。これについての詳細はライブラリリファレンス「sys --- システムパラメータと関数」[†2]を参照のこと)。

書式を自分で制御することで、値をスペースで区切ったよりはマシなものを出力したい、ということはよくある。出力を整形する方法はいくつもある。

整形済みの文字列リテラルを使う。これには開きクォーテーション(引用符)やトリプルクォートの前に f または F を付ける。この文字列の中には、{と}で囲うことでPythonの式が使え、変数やリテラル値を参照することができる。

```
>>> year = 2016
>>> event = 'Referendum'
>>> f'Results of the {year} {event}'
'Results of the 2016 Referendum'
```

文字列の str.format() メソッド。これはもう少し手間がかかる。変数が置換さ

---

†1　訳注:式文(expression statement)は式のみの文。式文で「値を書き出す」というのは、対話モードで式だけを入力したときに、その式の値が出力されること。

†2　https://docs.python.org/ja/3/library/sys.html#module-sys

れる{と}はこちらでも使えるし、詳細なフォーマット指定が行えるが、フォーマット
情報も与える必要がある。

```
>>> yes_votes = 42_572_654
>>> no_votes = 43_132_495
>>> percentage = yes_votes / (yes_votes + no_votes)
>>> '{:-9} YES votes  {:2.2%}'.format(yes_votes, percentage)
' 42572654 YES votes  49.67%'
```

　最後に、文字列処理をすべて自分でやる方法もある。文字列のスライシングと連結
操作によって、想像できる限りのあらゆるレイアウトが表現できる。文字列型には、
文字列に空白を追加して（パディング）指定の横幅にする便利なメソッドもある。
　カッコいい出力は必要なく、デバッグ用に変数をいくつか素早く表示したいだけで
あれば、関数repr()またはstr()を使うことで、あらゆる値を文字列に変換できる。
　str()関数が値をそれなりに人間が読みやすい表現で返すことを意図するのに対
し、repr()はインタープリタが読める表現を生成することを意図している（等価の
構文が存在しないときはSyntaxErrorを強制する）。人間が読み下せる表現を持た
ないオブジェクトに対しては、str()もrepr()と同じ値を返す。数値や構造体（リ
ストやディクショナリなど）といった多くの値では、どちらの関数を使っても同じ表
現になる。ただし文字列は2つの異なる表現を持つ。
　例：

```
>>> s = 'Hello, world.'
>>> str(s)
'Hello, world.'
>>> repr(s)
"'Hello, world.'"
>>> str(1/7)
'0.14285714285714285'
>>> x = 10 * 3.25
>>> y = 200 * 200
>>> s = 'The value of x is ' + repr(x) + ', and y is ' + repr(y) + '...'
>>> print(s)
The value of x is 32.5, and y is 40000...
>>> # 文字列のrepr()は文字列クォートとバックスラッシュを追加する：
... hello = 'hello, world\n'
>>> hellos = repr(hello)
>>> print(hellos)
'hello, world\n'
>>> # あらゆるPythonオブジェクトがrepr()の引数になれる：
... repr((x, y, ('spam', 'eggs')))
"(32.5, 40000, ('spam', 'eggs'))"
```

さらにもう1つ。`string`モジュールには、値を文字列で置き換える方法を提供する`Template`クラスが入っている。`$x`をプレースホルダにして、これをディクショナリの値で置き換えるのだ。ただしこれは整形まわりの制御がずっと弱い。

7.1.1 フォーマット済み文字列リテラル

フォーマット済み文字列リテラル(短縮してf文字列とも呼ぶ)は、文字列に`f`または`F`を前置し、式を`{式}`と書くことにより、文字列内にPythonの式の値を入れられるようになるものだ。

オプションで式の後にフォーマット指定子を加えることができる。これにより値のフォーマットはさらにコントロールしやすくなる。以下の例はπを小数点以下3文字に丸めるものだ。

```
>>> import math
>>> print(f' πの値はおよそ{math.pi:.3f}である。')
πの値はおよそ3.142である。
```

`:`の後に整数を渡せばフィールドの文字数の最小幅が指定できる。これは行の整列に便利である。

```
>>> table = {'Sjoerd': 4127, 'Jack': 4098, 'Dcab': 7678}
>>> for name, phone in table.items():
...     print(f'{name:10} ==> {phone:10d}')
...
Sjoerd     ==>          4127
Jack       ==>          4098
Dcab       ==>          7678
```

値をフォーマット前に変換する修飾子も使用できる。`!a`は`ascii()`を、`!s`は`str()`を、また`!r`は`repr()`を適用する:

```
>>> animals = 'ウナギ'
>>> print(f' ぼくのホバークラフトは{animals}でいっぱい。')
ぼくのホバークラフトはウナギでいっぱい。
>>> print(f' ぼくのホバークラフトは{animals!r}でいっぱい。')
ぼくのホバークラフトは' ウナギ' でいっぱい。
```

フォーマット指定のリファレンスとしては、「書式指定ミニ言語仕様」[†3]を参照のこと。

---

†3　https://docs.python.org/ja/3/library/string.html#format-specification-mini-language

7.1.2　文字列のformat()メソッド

`str.format()`メソッドの基本的な使い方は次のようになる：

```
>>> print('We are the {} who say "{}!"'.format('knights', 'Ni'))
We are the knights who say "Ni!"
```

中カッコとその中の文字（これらをフォーマットフィールドという）は、`str.format()`メソッドに渡されたオブジェクトで置き換えられる。中カッコの中には、`str.format()`メソッドに渡されたオブジェクトの位置を参照する数字を入れることができる：

```
>>> print('{0} and {1}'.format('spam', 'eggs'))
spam and eggs
>>> print('{1} and {0}'.format('spam', 'eggs'))
eggs and spam
```

`str.format()`メソッドでキーワード引数を取り、参照にこのキーワードを使うこともできる：

```
>>> print('This {food} is {adjective}.'.format(
...       food='spam', adjective='absolutely horrible'))
This spam is absolutely horrible.
```

位置引数とキーワード引数は自由に混在できる：

```
>>> print('The story of {0}, {1}, and {other}.'.format(
...       'Bill', 'Manfred', other='Georg'))
The story of Bill, Manfred, and Georg.
```

非常に長い分割したくないフォーマット文字列があるなら、変数は位置ではなく名前で参照できたほうが嬉しいだろう。これはdictを渡してアクセスキーに角カッコ（[]）を使うだけで可能だ：

```
>>> table = {'Sjoerd': 4127, 'Jack': 4098, 'Dcab': 8637678}
>>> print('Jack: {0[Jack]:d}; Sjoerd: {0[Sjoerd]:d}; '
...       'Dcab: {0[Dcab]:d}'.format(table))
Jack: 4098; Sjoerd: 4127; Dcab: 8637678
```

また、このtableを'**'表記を使ってキーワード引数として渡しても同じことができる：

```
>>> table = {'Sjoerd': 4127, 'Jack': 4098, 'Dcab': 8637678}
>>> print('Jack: {Jack:d}; Sjoerd: {Sjoerd:d}; Dcab:
{Dcab:d}'.format(**table))
Jack: 4098; Sjoerd: 4127; Dcab: 8637678
```

これは新しいビルトイン関数vars()と組み合わせると特に便利だ。vars()は
ローカル変数をすべて含んだディクショナリを返す関数である。

次の例は整数とその2乗および3乗を、きれいに並んだカラムとして表示するも
のだ：

```
>>> for x in range(1, 11):
...     print('{0:2d} {1:3d} {2:4d}'.format(x, x*x, x*x*x))
...
 1   1    1
 2   4    8
 3   9   27
 4  16   64
 5  25  125
 6  36  216
 7  49  343
 8  64  512
 9  81  729
10 100 1000
```

str.format()による文字列フォーマッティングについてすべてをカバーした概
説としては、ライブラリリファレンスの「書式指定文字列の文法」[4]を参照のこと。

7.1.3 手動での文字列フォーマッティング

先ほどと同じ2乗と3乗の表を手動で整形するにはこのようにする：

```
>>> for x in range(1, 11):
...     print(repr(x).rjust(2), repr(x*x).rjust(3), end=' ')
...     # 上の行でendを使っていることに注目
...     print(repr(x*x*x).rjust(4))
...
 1   1    1
 2   4    8
 3   9   27
 4  16   64
 5  25  125
 6  36  216
 7  49  343
```

†4　https://docs.python.org/ja/3/library/string.html#format-string-syntax

```
 8  64  512
 9  81  729
10 100 1000
```

print()関数の作用で、各カラムに1つずつスペースが追加されていることに注意。引数と引数の間にはスペースが挿入される。

　文字列オブジェクトのstr.rjust()メソッドは、文字列の左側にスペースを追加して、指定の幅に右揃えするものだ。str.ljust()とstr.center()という類似のメソッドもある。これらのメソッドは何も表示せず、ただ新しい値を返す。入力文字列が長すぎても切り詰めはせず、無変更で返す。レイアウトは崩れるが、切り詰めで嘘の値を見せるより普通はマシだ（切り詰めたいならスライスを使うとよい。x.ljust(n)[:n]などとする。丸めるならround()だ）。

　もう1つ、str.zfill()というメソッドがある。これは数字の文字列の左側をゼロでパディングするもので、プラスとマイナスの符号も理解する：

```
>>> '12'.zfill(5)
'00012'
>>> '-3.14'.zfill(7)
'-003.14'
>>> '3.14159265359'.zfill(5)
'3.14159265359'
```

7.1.4　従来形式の文字列フォーマッティング

　%演算子（モジュロ）を使って文字列を整形する方法もある。「'文字列' % 値」があると、「文字列」にある%のインスタンスは「値」のゼロ個以上の要素に置換される。この操作は一般に文字列補間と言われるものだ。例を示す：

```
>>> import math
>>> print('πの値はおよそ%5.3fである。' % math.pi)
πの値はおよそ3.142である。
```

　さらなる詳細についてはライブラリリファレンスの「printf形式の文字列書式化」を参照されたい[5]。

7.2　ファイルの読み書き

　open()はファイルオブジェクトを返す関数で、open(<ファイル名>, <モード>)

---

[5] https://docs.python.org/ja/3/library/stdtypes.html#printf-style-string-formatting

のように、2つの引数を与えるのが一番普通の使い方だ。

```
>>> f = open('workfile', 'w')
```

　第1引数は文字列でファイル名である。第2引数も文字列で、ファイルの使われ方を示す文字を入れる。この第2引数「モード」は、ファイルを読み込み専用で開くならr、書き出し専用ならw、追加、すなわち書き込みデータがファイル末尾に自動的に加えられていくようにするならa、読み書き両用ならr+である。ただしこの引数はオプションであり、省略すればrとみなされる。

　ファイルはデフォルトでは「テキストモード」で開かれる。これは特定のエンコーディングのファイルに対して文字列を読み書きするという意味である。エンコーディングが指定されていない時のデフォルトはプラットフォーム依存である（ライブラリリファレンスの「open()」の項を参照）。ファイルを「バイナリモード」で開くには、モード引数に'b'を追加する。こうすることで、データはbytesオブジェクトの形で読み書きされる。テキストを含まないファイルはすべて、このモードで読み書きすべきである。

　テキストモード読込みでは、プラットフォーム依存の行末文字（UNIXでは\n、Windowsでは\r\n）が読み込まれると、単なる\nに変換されるのがデフォルトとなっている。またテキストモード書込みでは、この\nはプラットフォームごとの行末文字に戻されるのがデフォルトだ。こうした舞台裏での改変はテキストファイルにはよいものだが、JPGやEXEのようなバイナリファイルではデータを壊してしまう。だからこれらのファイルを読み書きする際は、バイナリモードを使うよう、よくよく注意すること。

　ファイルオブジェクトを扱うときはキーワードwithを使う、というのがよい習慣だ。その利点は、一連の操作から抜けるときファイルが正しく閉じられるということで、これは途中で例外が送出されたとしても処理される。また、withを使うと同等のtry-finallyブロックよりずっと短くなる：

```
>>> with open('workfile') as f:
...     read_data = f.read()

>>> # ファイルが自動的に閉じられているかをチェックすることができる
>>> f.closed
True
```

　キーワードwithを使わない場合、ファイルを閉じるにはf.close()をコールする必要がある。これはファイルが使っていたシステムリソースを即座に開放する。ファ

イルを明示的に閉じなくても、最終的にはPythonのガベージコレクタがファイルオ
ブジェクトを破壊して開いていたファイルを閉じてくれるが、それまでファイルは開
いたままになっている。現状で使っていない実装のPythonで、このクリーンアップ
動作のタイミングが異なるかもしれないというリスクもある。

　ファイルオブジェクトが閉じられると、そのファイルオブジェクトを使う試みは自
動的に失敗する。閉じたのがwith文であれf.close()のコールであれ同じだ。

```
>>> f.close()
>>> f.read()
Traceback (most recent call last):
  File "<stdin>", line 1, in <module>
ValueError: I/O operation on closed file
（クローズ済みのファイルへのI/O操作）
```

7.2.1　ファイルオブジェクトのメソッド

以下の例ではファイルオブジェクトfが生成してあることを前提とする。

　ファイルの中身を読むには、f.read(サイズ)をコールする。これはある量のデー
タを読み込み、str（テキストモードのとき）またはbytes（バイナリモードのとき）
のオブジェクトとして返す。**サイズ**は数値によるオプション引数だ。**サイズ**を省略し
たり、負数を与えると、ファイルの内容をすべて読み込んで返す。ファイルの大き
さがメモリの2倍あったとしても、それはあなたの問題なのである。通常は**サイズ**個
の文字（テキストモード）または**サイズ**バイト（バイナリモード）を上限に文字やバ
イトが読み込まれて返される。ファイルの末尾に達すると、f.read()は空の文字列
('')を返す：

```
>>> f.read()
'This is the entire file.\n'
>>> f.read()
''
```

　f.readline()はファイルから1行読む。文字列末尾には改行文字「\n」が残さ
れている。これを持たないのは改行で終わらないファイルの最終行だけであり、空行
は改行「\n」のみの文字列で表現されることになるので、返り値には曖昧さがない。
f.readline()が空の文字列を返せば、すなわちファイル末尾に達したということで
ある：

```
>>> f.readline()
'This is the first line of the file.\n'
>>> f.readline()
```

```
'Second line of the file\n'
>>> f.readline()
''
```

　行単位の読み込みには、ファイルオブジェクトにループをかける方法もある。これはメモリ効率に優れ、高速な上、コードが簡単になる：

```
>>> for line in f:
...     print(line, end='')
...
This is the first line of the file.
Second line of the file
```

　ファイルのすべての行をリストに読み込みたいときは、list(f) か f.readlines() を使う。
　f.write(**文字列**) は、**文字列**の内容をファイルに書き込み、書き込まれたキャラクタの数を返す：

```
>>> f.write('This is a test\n')
15
```

　他の型のオブジェクトは、書き込み前にstr（テキストモード）またはbytes（バイナリモード）オブジェクトに変換する必要がある。

```
>>> value = ('the answer', 42)
>>> s = str(value)  # タプルを文字列に変換
>>> f.write(s)
18
```

　f.tellはファイルの中での現在位置を示す整数を返す。これはファイル先頭からのバイト数で、バイナリモードならそのままの意味だが、テキストモードではよくわからない数字になる。
　現在位置を変えたいときはf.seek(**オフセット，起点**) を使う。位置は参照点とオフセットの和で算出する。参照点は「起点」引数により選ぶ。「起点」の値が0ならファイルの先頭、1で現在位置、2ではファイルの末尾を参照点として、そこから測る。「起点」は省略可能で、このときのデフォルトは0、つまりファイルの先頭を参照点とする。

```
>>> f = open('workfile', 'rb+')
>>> f.write(b'0123456789abcdef')
16
>>> f.seek(5)      # ファイルの6バイト目に移動
```

```
5
>>> f.read(1)
b'5'
>>> f.seek(-3, 2)  # ファイル末尾の手前3バイト目に移動
13
>>> f.read(1)
b'd'
```

テキストファイル（モード文字列にbを指定せず開いたファイル）の場合、ファイル先頭からの相対位置にしかシークできないし（例外は「seek(0,2)」によるファイル末尾へのシーク）、オフセット値としてもf.tell()の返す値または0しか使えない。他のオフセット値を使ったときの振る舞いは未定義である。

ファイルオブジェクトにはisatty()、truncate()といったメソッドもあるが、それほど使われない。ファイルオブジェクトの総覧としてはライブラリリファレンスをあたられたい。

7.2.2　構造のあるデータをjsonで保存する

文字列はファイルに自由に読み書きできる。数値はもう少し努力が要る、つまり、read()メソッドは文字列しか返さないので、文字列'123'を数値123にして返すint()などの関数に食わせる必要がある。入れ子のリストやディクショナリのような複雑なデータになると、手動でパースしてシリアライズするのはだいぶややこしい。

Pythonでは、複雑なデータ型をセーブするコードをユーザーに書かせ続け、デバッグさせ続けるのをやめて、JSON（JavaScript Object Notation）というポピュラーなデータ交換フォーマットが使えるようになっている。標準モジュールjsonはPythonのデータ階層構造を取って文字列表現にコンバートすることができる。このプロセスを**シリアライズ**という。文字列表現からデータを再構築することは**デシリアライズ**という。シリアライズで文字列表現されたオブジェクトは、デシリアライズされるまでに、ファイルやデータとして保存されたり、離れたマシンにネットワーク接続を通じて送られたりする。

JSON形式は、現代のアプリケーションでデータ交換を実現するために当たり前に使われている。すでに多くのプログラマーが親しんでいるものなので、相互運用性の確保には良い選択肢である。

オブジェクトxがあるとして、そのJSON文字列表現は1行の簡単なコードで見ることができる：

```
>>> import json
>>> json.dumps([1, 'simple', 'list'])
'[1, "simple", "list"]'
```

　dumps()の変種のdump()関数は、オブジェクトをテキストファイルにシリアライズする。だから書き込み用にオープンしてあるテキストファイルオブジェクトfがあるとすると、このようなことができる：

```
json.dump(x, f)
```

　デコードしてオブジェクトに戻すには、fが読み込みモードで開いてあるとして、次のようにする：

```
x = json.load(f)
```

　リストやディクショナリはこのシンプルな方法でシリアライズできるが、任意クラスのインスタンスをJSONにシリアライズするには、もう少しだけ努力が必要だ。これについてはjsonモジュールのリファレンスに解説がある。

参照

ライブラリリファレンスの「pickleモジュール[†6]」

pickleはJSONとは対照的に、任意の複雑なPythonオブジェクトのシリアライズが可能なプロトコルとなっている。であるがために、これはPython固有のものであり他の言語で書かれたアプリケーションとの通信には使えない。またこれはデフォルトではセキュアではない。出どころの信用できないpickleデータをデシリアライズしたとき、これがスキルのある攻撃者の手によるものであれば、任意コードが実行されることがありうる。

---

†6　https://docs.python.org/ja/3/library/pickle.html#module-pickle

8章
エラーと例外

これまでエラーメッセージについては少し言及しただけだったが、例を試すことで実際にいくつか目にしているものと思う。エラーには（少なくとも）2つの種類がある。**構文エラー**（syntax error）と**例外**（exception）である。

8.1 構文エラー

構文エラーはパース（構文解釈）上のエラーとも呼ばれ、Pythonの勉強が途中だと、たぶん一番よく怒られるものだ：

```
>>> while True print('Hello world')
  File "<stdin>", line 1
    while True print('Hello world')
                   ^
SyntaxError: invalid syntax
（構文エラー：無効な構文）
```

パーサ（構文解釈器）は違反のある行を表示し、最初にエラーが検知される点を小さな矢印で指す。エラーは矢印より**前**のトークンが原因である（少なくともそこで検知されている）。この例では、エラーは print 関数のところで検知される。その直前に必要なコロン（:）がないからである。ファイル名と行番号が表示されるので、スクリプトからの入力でもどこを見ればよいか判る。

8.2 例外

文や式が構文的に正しくても、実行しようとするとエラーが起きることがある。実

行中に検知されるエラーは例外（exception）と呼ばれるが、これは必ずしも致命的なものではない。Python プログラムでこれを処理する方法については、すぐ後で学ぶ。さて、例外のほとんどはプログラムでは処理されず、その結果はエラーメッセージにあらわれる：

```
>>> 10 * (1/0)
Traceback (most recent call last):
  File "<stdin>", line 1, in <module>
ZeroDivisionError: division by zero
（ゼロ除算エラー：0で割りました）
>>> 4 + spam*3
Traceback (most recent call last):
  File "<stdin>", line 1, in <module>
NameError: name 'spam' is not defined
（名前エラー：名前「spam」は定義されていない）
>>> '2' + 2
Traceback (most recent call last):
  File "<stdin>", line 1, in <module>
TypeError: Can't convert 'int' object to str implicitly
（型エラー：整数オブジェクトは文字列オブジェクトに暗黙変換できない）
```

　何が起きたかはエラーメッセージの最終行に書いてある。例外にはさまざまな型があり、型はメッセージに記されている。上の例で言えば、ZeroDivisionError、NameError、TypeErrorがそれぞれの型である。例外の型として表示される文字列は、ここで送出されたビルトイン例外の名前である。すべてのビルトイン例外では型と名前が必ず一致するようになっているが、このことはユーザー定義の例外では必須ではない（とはいえ有用な習慣である）。標準の例外の名前はビルトイン識別子である（予約済キーワードではない）。

　行の後半は、例外の型と原因に基づいて提供される詳細となっている。

　これに先立って並んでいる行は、例外が起きた文脈をスタックトレースバックの形で示したものだ。通常ここにはスタックトレースバックによりソース行を表示するが、標準入力から読み込んだ行については表示しない。

　ライブラリリファレンスの「組み込み例外」[†1]にはビルトイン例外の一覧とその意味が挙げてある。

[†1]　https://docs.python.org/ja/3/library/exceptions.html#built-in-exceptions

8.3　例外の処理

　プログラムは選択した例外を処理するように書くことができる。以下の例は、ユーザーが有効な整数を入力するまで入力を促し続けるというものだ。ただし、ユーザーはプログラムに割込をかけて終了させることもできる（これは [Ctrl] + [C] キーなど、OSがサポートするキーによる）。ちなみにユーザーがこのようにして割込をかけると、KeyboardInterrupt（キーボード割込）例外が送出される。

```
>>> while True:
...     try:
...         x = int(input("数字を入れてください： "))
...         break
...     except ValueError:
...         print("あらら！　これは有効な数字ではありません。どうぞもう一度.")
...
```

　try文は次のように動作する：

- 最初にtry節（キーワードtryとexceptに挟まれた文）が実行される。
- 例外が送出されなければexcept節はスキップされ、try文の実行が終了する。
- try節の実行中に例外が発生すると、try節中の残りはスキップされる。発生した例外の型がexceptキーワードの後ろで指定してある例外と一致すれば、except節が実行される。そしてtry文のあとのプログラムの実行がそのまま続けられる。
- 例外の型がexcept節にある名前と一致しない場合、送出された例外はさらに外側にあるtry文に渡される（try文が入れ子になっている場合）。ハンドラが見つからないと、これは**未処理例外**（unhandled exception）となり、上のほうの例で示したようなメッセージを表示して実行が終了する。

　try文に複数のexcept節を入れることで、複数の例外に対するハンドラを設けられる。ただし一度の処理で実行されるハンドラは1つまでである。ハンドラはtry節の中で起きた例外を処理するのみで、同じtry文の中の他のハンドラ（except節）の中で起きた例外を処理することはない。単一のtry節で複数の例外を指定することも可能で、このときはタプルを使う：

```
... except (RuntimeError, TypeError, NameError):
...     pass
```

except節と発生した例外の合致は、節に書かれたクラスが発生例外の基底クラスまたは同じクラスであるときに起きる（逆ではない——派生クラスが書いてあるexcept節は基底クラスの例外と合致を起こさない）。例を見よう。次のコードはB、C、Dの順に表示する：

```python
class B(Exception):
    pass

class C(B):
    pass

class D(C):
    pass

for cls in [B, C, D]:
    try:
        raise cls()
    except D:
        print("D")
    except C:
        print("C")
    except B:
        print("B")
```

except節の並びが逆であれば（except Bから先に書くと）、B、B、Bと表示されることに注意。最初にマッチしたexcept節が走るからである。

最後に置いたexcept節は、例外名を省略することでワイルドカード（「全部」）にすることができる。ただしこれを使うと、本当にプログラミングエラーがあったときに見つけにくくなるので、特に注意して使うこと！　この部分を使ってエラーメッセージの表示と例外の再送出（呼び出し側でも例外処理をするため）を行える：

```python
import sys

try:
    f = open('myfile.txt')
    s = f.readline()
    i = int(s.strip())
except OSError as err:
    print("OS error: {0}".format(err))
except ValueError:
    print("データが整数に変換できません")
except:
    print("予期せぬエラー：", sys.exc_info()[0])
    raise # 例外の再送出
```

try...except 文には、オプションで else 節が入れられる。位置はすべての except 節より後ろでなければならない。ここに入れたコードは try 節が例外を送出しなかったときにのみ実行される。例を示す:

```
for arg in sys.argv[1:]:
    try:
        f = open(arg, 'r')
    except OSError:
        print('cannot open', arg)
    else:
        print(arg, 'has', len(f.readlines()), 'lines')
        f.close()
```

try 節にコードを追加していくよりは、else 節を使ったほうがよい。try...except 文でプロテクトすべきでないコードから例外が送出されたとき、意図せずキャッチしてしまうのを回避できるからだ。

発生した例外に値が付随することもある。これを例外の引数と呼ぶ。引数が存在するか、その型がどうなっているかは、送出された例外の型による。

except 節では、例外名の後ろに変数を指定できる。この変数には例外のインスタンスが結合される（引数は instance.args に格納される）。例外インスタンスには便利なように __str__() が定義してあるので、.args を参照しなくても直接プリントできる。また、例外を送出前にまずインスタンス化しておいて、望みの属性をすべて追加するという方法もある:

```
>>> try:
...     raise Exception('spam', 'eggs')
... except Exception as inst:
...     print(type(inst))     # 例外インスタンスの型
...     print(inst.args)      # .args に格納された引数
...     print(inst)           # __str__ により引数は直接表示可能であるが、
...                           # これは例外のサブクラスでオーバーライドされ得る
...     x, y = inst.args      # 引数のアンパック
...     print('x =', x)
...     print('y =', y)
...
<class 'Exception'>
('spam', 'eggs')
('spam', 'eggs')
x = spam
y = eggs
```

例外が引数を伴う場合、それらは未処理例外メッセージの最後の部分（「詳細」）に

表示される。

例外ハンドラは try 節中で直接発生した例外だけでなく、try 節から（間接的なものも含めて）コールされた関数内で発生した例外も処理する。このようになっている：

```
>>> def this_fails():
...     x = 1/0
...
>>> try:
...     this_fails()
... except ZeroDivisionError as err:
...     print('ランタイムエラーを処理します：', err)
...
ランタイムエラーを処理します：division by zero
```

8.4　例外の送出

プログラマは raise 文により指定の例外を強制的に発生させられるようになっている。このようにする：

```
>>> raise NameError('HiThere')
Traceback (most recent call last):
  File "<stdin>", line 1, in <module>
NameError: HiThere
```

raise の唯一の引数は送出する例外を示すものだ。これは例外インスタンスでも、例外クラス（Exception クラスの派生クラスであるクラス）でも構わない。例外クラスが渡されたとき、そのコンストラクタを引数無しでコールすると暗黙的なインスタンス化が行われる：

```
raise ValueError  # raise ValueError()の略記法
```

例外が送出されるかどうかは知りたいが、その場では処理をしたくない場合、シンプルな形の raise 文によって例外を再送出できる：

```
>>> try:
...     raise NameError('HiThere')
... except NameError:
...     print('例外が飛んでった！')
...     raise
...
例外が飛んでった！
```

```
Traceback (most recent call last):
  File "<stdin>", line 2, in <module>
NameError: HiThere
```

8.5 例外の連鎖

raise 文にはオプション from を付加することができる。これは送出された例外の__cause__属性をセットすることで例外の連鎖を可能にするものだ。例を示す：

```
raise RuntimeError from OSError
```

これは例外を変形させるのに便利である。例を示す：

```
>>> def func():
...     raise IOError
...
>>> try:
...     func()
... except IOError as exc:
...     raise RuntimeError('データベースのオープンに失敗しました') from exc
...
Traceback (most recent call last):
  File "<stdin>", line 2, in <module>
  File "<stdin>", line 2, in func
OSError

The above exception was the direct cause of the following exception:
（上の例外は以下の例外の直接の原因です：）

Traceback (most recent call last):
  File "<stdin>", line 4, in <module>
RuntimeError：データベースのオープンに失敗しました
```

from の後ろの式は、例外または None でなければならない。例外連鎖が自動的に起きる場合がある。例外ハンドラや finally 節の内部で例外が送出されたときである。例外連鎖を停止するには慣例記法 from None を使う：

```
>>> try:
...     open('database.sqlite')
... except IOError:
...     raise RuntimeError from None
...
Traceback (most recent call last):
  File "<stdin>", line 4, in <module>
RuntimeError
```

8.6 ユーザー定義例外

例外クラスの作成により、プログラムには独自の例外を含めることができる（Python のクラスについてのさらなる話題は**9章**を参照）。通常、例外は直接間接に Exception クラスから派生したクラスとすべきである。

例外クラスでも、他のクラスに可能なことはなんでも定義できるが、普通はあまり複雑なことはせず、ハンドラが利用できるようなエラー情報をいくつかの属性として提供するにとどめる。いろいろなエラーを送出するモジュールを書く際は、モジュールで定義する例外のベースクラスをまず書いて、これをサブクラス化することでそれぞれのエラー状態に合った例外クラスを書くことが多い：

```
class Error(Exception):
    """このモジュールの例外のベースクラス"""
    pass

class InputError(Error):
    """入力エラーで送出される例外

    属性：
        expression -- エラーが起きた入力式
        message -- エラーの説明
    """

    def __init__(self, expression, message):
        self.expression = expression
        self.message = message

class TransitionError(Error):
    """許可されない状態遷移を起こそうとする操作があれば
    送出される

    属性：
        previous -- 遷移前の状態
        next    -- 移ろうとした状態
        message -- その遷移がなぜ許可されないかの説明
    """

    def __init__(self, previous, next, message):
        self.previous = previous
        self.next = next
        self.message = message
```

例外には、標準例外と同様の「Error」で終わる名前を付けるものである。

標準モジュールでは、定義した関数内で起き得るエラーをレポートするために、独

自の例外を定義したものも多い。クラスの詳細は**9章**で解説する。

8.7 クリーンアップ動作の定義

try文にはもう1つオプションの節がある。これはクリーンアップ動作を定義することを意図したもので、すべての状況で必ず実行される。例を挙げる

```
>>> try:
...     raise KeyboardInterrupt
... finally:
...     print('Goodbye, world!')
...
Goodbye, world!
Traceback (most recent call last):
  File "<stdin>", line 2, in <module>
KeyboardInterrupt
```

finally節が存在する場合、この節はtry文が完了する前の最後のタスクとして実行される。finally節は、try文が例外を発生しようがしまいが実行される。以下の要点は例外が起きるもっと複雑なケースを論じたものだ：

- try節の実行中に例外が起きた場合、この例外はexcept節で処理される。例外がexcept節で処理されなかった場合、この例外はfinally節の実行後に再送出される。
- 例外はexcept節やelse節の実行中に発生することがある。この場合も、発生した例外はfinally節の実行後に再送出される。
- try文がbreak文、continue文、return文に遭遇した場合、finally節はbreak文、continue文、return文の実行直前に実行される。
- finally節がreturn文を含んでいた場合、返り値はこのfinally節のreturn文からのものとなり、try節のreturn文からの値は返されない。

例を示す：

```
>>> def bool_return():
...     try:
...         return True
...     finally:
...         return False
...
```

```
>>> bool_return()
False
```

もうちょっと複雑な例を示そう：

```
>>> def divide(x, y):
...     try:
...         result = x / y
...     except ZeroDivisionError:
...         print("ゼロ除算！")
...     else:
...         print("答えは", result)
...     finally:
...         print("finally節実行中")
...
>>> divide(2, 1)
答えは 2.0
finally節実行中
>>> divide(2, 0)
ゼロ除算！
finally節実行中
>>> divide("2", "1")
finally節実行中
Traceback (most recent call last):
  File "<stdin>", line 1, in <module>
  File "<stdin>", line 3, in divide
TypeError: unsupported operand type(s) for /: 'str' and 'str'
(/の演算対象としてサポートされていない：文字列と文字列)
```

この通り、finally節はどの場合にも実行されている。また2つの文字列の除算により送出されたTypeErrorは、except節で処理されないので、finally節の実行後に再送出されている。

実際のアプリケーションでは、finallyは外部リソース（ファイルやネットワークのコネクションなど）を、その利用が成功したか否かに関わらず開放するのに便利である。

8.8　オブジェクトに定義済のクリーンアップ動作

オブジェクトによっては、不要になった際に（そのオブジェクトを利用した操作の成功失敗に関わらず）実行される標準のクリーンアップ動作が定義してある。以下の例を見てほしい。ファイルをオープンしてその内容を画面に表示するものだ。

```
for line in open("myfile.txt"):
    print(line, end="")
```

　このコードの問題は、この部分を実行した後の不定時間の間、ファイルを開きっぱ
なしにしていることだ。単純なスクリプトではなんでもないことだが、大きなアプリ
ケーションでは問題だ。with文を使うと、ファイルのようなオブジェクトを、使用
後すぐに適切な方法でクリーンアップされることを保証した形で利用できるように
なる。

```
with open("myfile.txt") as f:
    for line in f:
        print(line, end="")
```

　この文の実行後、ファイルfは必ずクローズされる。行の処理中に問題が起きたと
しても、常にクローズされるのだ。ファイルのようにクリーンアップ動作が定義して
あるオブジェクトは、それぞれのドキュメントに明記される予定である。

9章
クラス

クラスとは、データと機能をひとまとめのものにする方法を提供するものだ。新しいクラスを作ることは新しいオブジェクト**型**を作ることであり、これはその型の新しい**インスタンス**を作ることを可能にする。クラスインスタンスは、各々に付属して状態を保持する**属性**を持つことができる。クラスインスタンスはまた、各々の状態を変化させるメソッド（クラスで定義される）を持つことができる。

他の言語に比べると、Pythonのクラス機構は最小限の構文とセマンティクスでクラスを実現したと言える。このクラス機構は、C++とModula-3のメカニズムの混成だ。Pythonのクラスはオブジェクト指向プログラミングの標準的な機能をすべて提供する。すなわち、クラス継承機構は多重基底クラスを許容し、派生クラスは基底クラス（群）のあらゆるメソッドをオーバーライド可能であり、そしてメソッドは基底クラスのメソッドを同じ名前でコールできる。また、オブジェクトにはデータが好きなだけ入れられる。モジュールもそうだったが、クラスもまたPythonの動的なところを体現している。つまり実行時に生成され、生成後にも改変可能なのだ。

C++の用語で言えば、クラスメンバは（データメンバも含めて）通常は「public」、メンバ関数はすべて「virtual」である。Modula-3同様、オブジェクトのメソッドからメンバを参照するときの短縮形は存在しない。メソッド関数の宣言時に、第1引数として「オブジェクト自体を示すもの」を明示するのだ。呼び出し時には、この引数は暗黙に与えられる。Smalltalk同様、クラスはそれ自体がオブジェクトだ。インポートやリネームのセマンティクスはこのことに由来したものだ。C++やModula-3とは異なり、ビルトイン型を基底クラスとしてユーザーが拡張を行うことが可能である。また、C++と同様、特殊構文を持つビルトイン演算子のほとんど（算術演算子やインデックスなど）が、クラスインスタンス向けに書き直せる。

クラスについては普遍的な用語体系がないので、SmalltalkとC++の用語を間に合わせで使っておく。本当はオブジェクト指向セマンティクスがC++よりも近いModula-3の用語を使いたいが、聞いたこともない人が多いだろうから。

9.1　名前とオブジェクトについて一言

　オブジェクトには個体性があり、同じオブジェクトに複数の名前が（複数のスコープで）結合できる。このことを他の言語では別名付け（エイリアシング）と呼ぶ。これは普通、Pythonに触れたばかりの人には好まれないし、基本的な不変型（数値、文字列、タプル）を扱うときには無視しても安全だ。しかしリストやディクショナリその他の可変オブジェクトにまつわるコードのセマンティクスに対しては、驚くほど大きな影響が出ることがある。この影響は普通はプログラムのためになるもので、これはエイリアスがさまざまな面でポインタのように振る舞うためだ。たとえばオブジェクト渡しが安価な操作なのは、実装上はポインタ渡しであるためだ。またオブジェクトを渡された関数がこれを変更すると、渡した側（呼び出し元）でもその変化を読み取れる——このことは、Pascalなどにある2種の引数渡しメカニズムというものを不要にしている。

9.2　Pythonのスコープと名前空間

　クラスを紹介する前に、Pythonのスコープ規則についてちょっと話しておかねばなるまい。クラス定義では名前空間で遊ぶので、何が起きているかをちゃんと理解するには、スコープと名前空間の動作を知っておく必要があるのだ。ちなみにこの知識は、ずっと上級のPythonプログラマにも必ず役に立つ。

　まずはちょっとした定義から。

　名前空間とは、名前とオブジェクトの対応付け（マッピング）のことである。これは普通は（パフォーマンス以外では）意識されないし、将来変更になる可能性もある。名前空間の例としては、一連のビルトイン名（インタープリタ組み込みの、abs()などの関数名やビルトイン例外の名前）、モジュールのグローバルな名前群、関数呼び出しにより生成されるローカルな名前群が挙げられる。オブジェクトの属性群も名前空間を形成すると言える。名前空間で重要なのは、異なる名前空間同士の名前には一切のかかわりがない、ということである。たとえば2つの異なるモジュールに、まったく同じ名前の関数（たとえばmaximize）を定義しても混同されることはない。使

う側から見れば、「**モジュール名.関数名**」の形でモジュール名を前置する必要があるようになっている。

ちなみに私は、ドットに続くあらゆる名前について**属性**という言葉を使う——たとえば z.real と書いたとき、real はオブジェクト z の属性である。厳密に言えば、モジュール内の名前に対する参照とは、属性の参照である。つまり、modname.funcname と書いたとき、modname はモジュールオブジェクトであり、funcname はその属性だ。このときモジュールの属性群と、モジュール内で定義されたグローバルな名前群の間には、直接の対応付けがある。つまり、同じ名前空間を共有しているのだ！[†1]

属性は読取専用にも読み書き両用にもなる。後者の場合は属性への代入ができる。モジュール属性は読み書き両用である。つまり modname.the_answer = 42 などと書けるのだ。読み書き両用の属性は del 文による削除も可能だ。たとえば del modname.the_answer と書けば、modname というオブジェクトから属性 the_answer が削除される。

名前空間はさまざまなタイミングで作られ、寿命もさまざまだ。ビルトイン名の入った名前空間は、Python インタープリタの起動とともに作られ、終了まで削除されない。モジュールのグローバル名前空間は、モジュール定義の読み込み時に作られる。普通はこれもインタープリタの終了まで保持される。インタープリタのトップレベルで実行される文[†2]は、対話セッション由来でもスクリプトファイル由来でも、__main__ というモジュールの一部であると見なされ、固有のグローバル名前空間を持つ。（ビルトイン名すら実はモジュール内に生息する。builtins モジュールだ。）

関数のローカル名前空間は、関数がコールされたときに作られ、関数から戻ったり、関数内で処理されない例外を送出したりしたときに削除される（思い出せなくなる、と言ったほうが実際起きることを描写するにはふさわしい）。当然ながら、再帰呼び出しでも各々がローカル名前空間を持つことになる。

スコープとは、ある名前空間から直接アクセスできる、プログラムテキスト上の範囲のことである。ここで言う「直接アクセス」とは、名前空間中の名前を無条件の（モジュール名などを前置しない）参照によって見付けることである。

スコープは静的に決定されるものだが、利用は動的に行われる。実行中は入れ子の

[†1]　原注：例外が1つある。モジュールオブジェクトは秘密の読取専用属性 __dict__ を持つ。これはモジュールの名前空間を実装するのに使われているディクショナリを返す。名前 __dict__ は属性としてのみ存在し、モジュール内でのグローバル名にはなっていない。これを利用することは名前空間実装上の抽象概念を侵害することは明らかなので、検死型の（＝プログラムが死んでから解析する）デバッガなどに限るべきである。

[†2]　訳注：対話セッションのプライマリプロンプトのレベルで実行される文やスクリプトファイルの地の文。

スコープが常に3つまたは4つ存在しており、これらの名前空間には直接アクセスできる。

- もっとも内側にあり、最初に検索されるのは、ローカル名の入ったスコープである。
- これを取り囲む関数がある場合、その名前空間も最内のスコープから順に検索される。ここには非ローカル、かつ非グローバルな名前が入っている。
- 最後から2番目に検索されるスコープには、いまいるモジュールのグローバルな名前が入っている。
- もっとも外側のスコープ（最後に検索される）は、ビルトイン名の入った名前空間である。

グローバルと宣言された名前では、参照と代入が中間のスコープ（モジュールのグローバル名が入っている部分）に直接行われる。これ以外の変数で最内のスコープより外側にあるものには、nonlocal 文を使うことで再結合できる。nonlocal が宣言されていなければ、こうした変数は読取専用になる（こうした変数に書き込もうとすると、最内のスコープに同名のローカル変数が新たに生成されるだけだ。外側の変数は変更されない）。

ローカルスコープは普通、自分が（テキスト的に）いまいる関数内のローカルな名前を参照する。関数外では、ローカルスコープはグローバルスコープと同じ名前空間、すなわちモジュールの名前空間を参照する。クラス定義を行うと、ローカルスコープの中にさらに名前空間を置く。

スコープがプログラムのテキスト的に決定される、ということを了解しておくのは大事だ。あるモジュールで定義された関数のグローバルスコープはそのモジュールの名前空間であり、これは関数がどこからコールされようが、どんな名前でコールされようが変わらない。これに対し、実際の名前検索は動的に、実行時に行われる——ただし Python の言語定義はコンパイル時の静的名前解決にむかって進化しているところなので、動的名前解決というものを信用しないこと！（実際、ローカル変数はすでに静的に決定されるようになっている。）

Python には——global 文または nonlocal 文を使っている場合以外は——代入を常に最内のスコープに行う、という癖がある。代入はデータをコピーしない——名前とオブジェクトを結合するだけだ。削除にも同じことが言える。「del x」が削除するのは、ローカルスコープから参照される名前空間における、x の結合（バインディ

ング）である。実際、新しい名前を導入する操作はどれもローカルスコープを使う。
`import`文と関数定義もこの操作であり、モジュール名や関数名をローカルスコープ
で結合する。

　`global`文を使うと、その変数がグローバルスコープにあること、再結合もそちら
に行うべきであることを示すことができる。`nonlocal`文は、その変数が自分を取り
囲むスコープにあり、再結合もそちらに行うべきであることを示す。

9.2.1　スコープと名前空間の例

　以下ではさまざまなスコープと名前空間を参照する方法、および`global`と
`nonlocal`が変数の結合にどのような影響を与えるかを示す：

```
def scope_test():
    def do_local():
        spam = "local spam"

    def do_nonlocal():
        nonlocal spam
        spam = "nonlocal spam"

    def do_global():
        global spam
        spam = "global spam"

    spam = "test spam"
    do_local()
    print("After local assignment:", spam)
    do_nonlocal()
    print("After nonlocal assignment:", spam)
    do_global()
    print("After global assignment:", spam)

scope_test()
print("In global scope:", spam)
```

出力はこうなる：

```
After local assignment: test spam
After nonlocal assignment: nonlocal spam
After global assignment: nonlocal spam
In global scope: global spam
```

　見ての通り、ローカル代入（これがデフォルトの動作）は`scope_test`内での`spam`
のバインディングを変化させない。`nonlocal`代入は`scope_test`の`spam`のバイン

ディングを変更し、global代入はモジュールレベルでのバインディングを変更している。

global代入の実行以前にはモジュールレベルのspamにはバインディングがなかったことも自分で確認してほしい。

9.3 はじめてのクラス

クラスでは新しい構文を少々と、オブジェクト型を3つ、セマンティクスをいくつか導入する。

9.3.1 クラス定義の構文

クラス定義の一番簡単な形はこのようになる：

```
class ClassName:
    <文-1>
        .
        .
        .
    <文-N>
```

関数定義（def文）もそうだったが、クラス定義を有効化するには、一度実行する必要がある。（また、クラス定義をif文の枝の中や関数内で行うことも理論的には可能である。）

実地では、クラス定義中の文は一連の関数定義であるのが普通だが、他の文も使えるし、それが便利なこともある——これについては後で述べる。クラス内部の関数定義では、引数リストがたいていおかしな形になっているが、これはメソッドの呼び出し規則により規定されたものである——これについても後で述べる。

クラス定義に入ると新しい名前空間が生成され、ローカルスコープとして使われる——ゆえにローカル変数への代入は、すべてこの新しい名前空間に行われる。クラス定義中で関数が定義されたときも同じで、関数名はここに結合される。

クラス定義から正常に（末尾で）抜けると**クラスオブジェクト**が作られる。これは基本的に、クラス定義で作られた名前空間の内容を包むラッパーにすぎない。クラスオブジェクトについては次の節で詳しく学ぶ。続いて元のローカルスコープ（クラス定義に入る前に有効だったもの）が復活し、クラス定義ヘッダで命名した名前（この例ではClassName）とクラスオブジェクトがこの中で結合される。

9.3.2 クラスオブジェクト

クラスオブジェクトは2種類の操作をサポートする。属性参照とインスタンス化である。

属性参照はまったく普通の構文で行われる。`obj.name`の形式だ。属性名として有効なのは、クラスオブジェクト生成時にクラスの名前空間に存在していたすべての名前だ。ゆえにクラス定義がこのようになっている場合：

```python
class MyClass:
    """A simple example class"""
    i = 12345

    def f(self):
        return 'hello world'
```

`MyClass.i`と`MyClass.f`が属性参照として有効であり、それぞれ整数オブジェクトと関数オブジェクトを返すことになる。クラス属性への代入も可能なので、`MyClass.i`の値は代入により変更できる。`__doc__`も有効な属性で、これはクラスの docstring を返す。この場合は`A simple example class`である。

クラスの**インスタンス化**には関数の表記法が使われる。クラスオブジェクトを、引数をもたずインスタンスを返す関数とみなせばよい。このようにする（上の例のクラスを使う）：

```python
x = MyClass()
```

これでこのクラスの新しいインスタンスが生成され、ローカル変数xに代入された。

インスタンス化の操作（クラスオブジェクトの「コール」）は、空のオブジェクトを生成する。多くのクラスでは、生成するオブジェクトのインスタンスがなんらかの初期状態にカスタマイズしてあることが望ましい。このためクラスには`__init__()`という特殊メソッドが定義できるようになっている：

```python
def __init__(self):
    self.data = []
```

クラスに`__init__()`メソッドが定義してあると、新規生成されたインスタンスに対して自動的に`__init__()`がコールされる。つまり、次のようにするだけで初期化済の新規インスタンスが得られるわけだ：

```python
x = MyClass()
```

当然ながら__init__()メソッドにも引数を与えることができるので、さらに柔軟なことができるようになっている。__init__()に渡される引数は、クラスのインスタンス化のとき与える引数だ。このようにする：

```
>>> class Complex:
...     def __init__(self, realpart, imagpart):
...         self.r = realpart
...         self.i = imagpart
...
>>> x = Complex(3.0, -4.5)
>>> x.r, x.i
(3.0, -4.5)
```

9.3.3　インスタンスオブジェクト

さて、インスタンスオブジェクトでは何ができるだろう。インスタンスオブジェクトが理解できる操作は属性参照のみである。属性名として有効なものは2種類ある。データ属性とメソッドである。

データ属性はSmalltalkにおける「インスタンス変数」やC++における「データメンバ」に相当する。データ属性は宣言する必要がない。ローカル変数同様、代入すれば存在を始める。たとえばxを上で生成したMyClassのインスタンスとする。以下のコードは値16を表示し、痕跡を残さない：

```
x.counter = 1
while x.counter < 10:
    x.counter = x.counter * 2
print(x.counter)
del x.counter
```

もう1つのインスタンス属性参照が**メソッド**だ。メソッドとはオブジェクトに「属した」関数である（Pythonではメソッドという用語はクラスインスタンスに固有のものではない。他種のオブジェクトもメソッドが持てる。たとえばリストオブジェクトはappend、insert、remove、sortといったメソッドを持つ。とはいうものの、以下では特に言わない限り、メソッドという用語をクラスインスタンスオブジェクトのメソッドのこととして論ずる）。

あるインスタンスオブジェクトで有効なメソッド名は、そのクラスによって決まる。クラス属性のうち関数オブジェクトであるものはすべて、対応したインスタンスのメソッドを定義するものである。上の例で言えば、MyClass.fは関数なので、x.fは有効なメソッド参照となるし、MyClass.iはそうでないのでx.iもそうでない。

ただし`x.f`は`MyClass.f`と同じものではない——それはメソッドオブジェクトであり、関数オブジェクトではないのだ。

9.3.4　メソッドオブジェクト

普通、メソッドは結合後すぐ実行される：

```
x.f()
```

`MyClass`の例では、これは文字列「hello world」を返す。しかしメソッドは直ちに実行しなくてもよい。`x.f`はメソッドオブジェクトであり、どこかに格納して後からコールすることができるのだ。例を示す：

```
xf = x.f
while True:
    print(xf())
```

これは時間の果てまで「hello world」をプリントし続ける。

メソッドがコールされると、厳密には何が起きるのだろう。上の例で、`x.f()`の関数定義では引数が指定されていたにも関わらず、`x.f()`が引数なしでコールされているのに気付かれた方もいるかもしれない。引数はどうなったんだ？ Pythonでは引数を要求する関数にまったく引数を渡さなければ——たとえ使われない引数でも——例外が出るはずだったが。

実のところ、もう答えにたどり着いているかもしれませんな。メソッドの特殊性は、第1引数として、インスタンスオブジェクトが渡されることにあるのだ。上の例で言えば、`x.f()`のコールは、`MyClass.f(x)`と厳密に等価である。一般化して言うと、n個の引数でメソッドをコールすることは、引数リストの最初にメソッドのインスタンスオブジェクトを挿入して作ったn+1個の引数リストを渡して当該関数をコールすることと等価である。

メソッドの動作がまだ理解できない向きは、実装を見ると解りやすいと思う。データ属性でないインスタンス属性が参照されると、そのインスタンスのクラスの中が検索される。名前が示すものが有効なクラス属性であり、それが関数オブジェクトであれば、関数オブジェクトとインスタンスオブジェクト（へのポインタ）を抽象オブジェクトの中にパッキングすることにより、メソッドオブジェクトが生成される。メソッドオブジェクトが引数付きでコールされたときは、インスタンスオブジェクトと引数リストを使って新しい引数リストが作られ、この新しい引数リストを使って関数

オブジェクトがコールされる。

9.3.5 クラス変数とインスタンス変数

　一般化して言うと、クラス変数はあるクラスのすべてのインスタンスが共有する属性やメソッドのためにあり、インスタンス変数はそれぞれのインスタンスに固有のデータのためにある。

```
class Dog:

    kind = 'canine'           # どのインスタンスも持つことになるクラス変数

    def __init__(self, name):
        self.name = name       # インスタンスごとに固有のインスタンス変数

>>> d = Dog('Fido')
>>> e = Dog('Buddy')
>>> d.kind                     # すべての犬に共通
'canine'
>>> e.kind                     # すべての犬に共通
'canine'
>>> d.name                     # dに固有
'Fido'
>>> e.name                     # eに固有
'Buddy'
```

　「9.1　名前とオブジェクトについて一言」で論じたとおり、共有データにリストやディクショナリのような可変オブジェクトを使うと驚かされることがある。たとえば次のコードのtricksというリストはクラス変数にすべきではない。なぜならすべてのDogインスタンスでただ1つのリストが共有されてしまうからだ：

```
class Dog:

    tricks = []      # クラス変数の使い方を間違えている

    def __init__(self, name):
        self.name = name

    def add_trick(self, trick):
        self.tricks.append(trick)

>>> d = Dog('Fido')
>>> e = Dog('Buddy')
>>> d.add_trick('ころがる')
>>> e.add_trick('死んだふり')
```

```
>>> d.tricks                    # すべての犬が共有してるなんて……
['ころがる', '死んだふり']
```

正解はインスタンス変数を使うことだ:

```
class Dog:

    def __init__(self, name):
        self.name = name
        self.tricks = []        # それぞれの犬に新たに空リストを生成

    def add_trick(self, trick):
        self.tricks.append(trick)

>>> d = Dog('Fido')
>>> e = Dog('Buddy')
>>> d.add_trick('ころがる')
>>> e.add_trick('死んだふり')
>>> d.tricks
['ころがる']
>>> e.tricks
['死んだふり']
```

9.4　その他いろいろ

　クラスとインスタンスに同じ属性名がある場合、属性検索はインスタンスを優先する:

```
>>> class Warehouse:
        purpose = 'storage'
        region = 'west'

>>> w1 = Warehouse()
>>> print(w1.purpose, w1.region)
storage west
>>> w2 = Warehouse()
>>> w2.region = 'east'
>>> print(w2.purpose, w2.region)
storage east
```

　データ属性は普通のユーザー（「クライアント」）からもメソッドからも、同じように参照できる。言い換えれば、クラスは純粋な抽象データ型を実装するのには使えない。実際Pythonでは、データ隠蔽を強制できるものが存在しない——すべてはしきたりの上に築かれているのだ（ただしCで書かれたPython実装では、必要に応じて

オブジェクトへのアクセスを制御したり、その実装の詳細を隠蔽することができる。Cで書いた拡張を使えばよいのだ)。

　クライアントはデータ属性を慎重に使うべきだ——内部で使うデータ属性を踏みつぶしてしまうとメソッドが台無しになるからである。しかし名前衝突さえ回避できるなら、クライアントはメソッドを損なうことなく独自のデータ属性をインスタンスオブジェクトに追加できる。この場合にも命名規約を導入してやるのが簡単だ。

　メソッドからデータ属性（や他のメソッド）を参照する短縮形は、存在しない！しかしこれは逆に、メソッドの可読性を高めているようだ。メソッドのコードをざっと眺めたときにも、ローカル変数とインスタンス変数を混同しっこないからだ。

　メソッドの第1引数はしばしばselfとされる。これは慣習に過ぎない。Pythonにおいてselfという名前に特別な意味はない。ただし、この慣習に従わないと他のプログラマが読みにくいし、クラスブラウザの類がこの慣習に依存しているかもしれないことに注意。

　クラス属性である関数オブジェクトはすべて、インスタンスのメソッドを定義する。関数定義がプログラムテキスト上でクラス定義中にあることは必須ではない。関数オブジェクトをクラスのローカル変数に代入することも可能なのだ。例を示す:

```python
# クラスの外で定義された関数
def f1(self, x, y):
    return min(x, x+y)

class C:
    f = f1

    def g(self):
        return 'hello world'

    h = g
```

　このときf、g、hはすべて、関数オブジェクトを参照する属性であり、Cのインスタンスでは、すべてがメソッドとなる。hはgに厳密に等価だ。ただしこのように書くとプログラムを読む人が混乱するだけなので注意。

　メソッドは他のメソッドをコールすることができる。引数selfのメソッド属性を使う:

```python
class Bag:
    def __init__(self):
        self.data = []
```

```
    def add(self, x):
        self.data.append(x)

    def addtwice(self, x):
        self.add(x)
        self.add(x)
```

　メソッドは通常の関数と同じ方法でグローバルな名前群を参照できる。メソッドの持つグローバルスコープは、そのメソッドが定義されたモジュールだ（クラスがグローバルスコープとして使われることはない）。メソッドでグローバルデータを使う理由はあまりないが、グローバルスコープには正当な使い道がたくさんある。その1つがグローバルスコープにインポートされた関数やモジュールの利用で、これらはグローバルスコープで定義された関数やクラス同様に使用することができる。そして通常は、メソッドのクラスそのものがこのグローバルスコープで定義されている。次の節では、メソッドが自分のクラスを参照できるとどのように素晴らしいかが、よくわかることになる。

　値はその1つ1つがオブジェクトであり、それゆえ自分のクラス（**型**ともいう）を持つ。それは object.__class__ に格納されている。

9.5　継承

　いやもちろん、継承もサポートしない言語機能なんか「クラス」と呼ぶには値しないわけだが。派生クラスを定義する構文は次のようになる：

```
class DerivedClassName(BaseClassName):
    <文-1>
    .
    .
    .
    <文-N>
```

　BaseClassName（基底クラス名）は、この派生クラス定義が存在するスコープで定義してある名前であること。この場所には、他の任意の式を入れることもできる。これはたとえば、基底クラスが他のモジュールで定義してある場合に便利だ：

```
class DerivedClassName(modname.BaseClassName):
```

　派生クラス定義の実行過程はベースクラスと同じだ。クラスオブジェクトが構築されるとき、基底クラスが記憶される。これは属性参照の解決に使われる。つまり、リ

クエストされた属性が派生クラスになかったときに、基底クラスが検索される。この
ルールは、基底クラスもまた他のクラスの派生クラスであるなら、再帰的に適用さ
れる。

　派生クラスのインスタンス化に特別なことはない。DerivedClassName()でイン
スタンスが生成される。メソッド参照も通常の属性参照同様にクラス属性→基底クラ
ス属性と検索され、これにより関数オブジェクトが生じれば、メソッド参照が有効に
なる。

　派生クラスは基底クラスのメソッドをオーバーライドできる。メソッドがオブジェ
クト内の別メソッドをコールする際に特別な権限があるわけではないため、基底クラ
スのメソッドが自分のクラスの別メソッドをコールしようとするときに、それをオー
バーライドしている派生クラスのメソッドをコールさせることができる（C++プログ
ラマの方へ。Pythonではすべてのメソッドが効果的にvirtual化されているのであ
る）。たとえばこのようになる：[3]

```
>>> class base():
...     def a(self):
...         print('私の名前はbase.aです。base.bをコールします')
...         self.b()
...     def b(self):
...         print('私の名前はbase.bです。der.bでオーバーライドされます')
...
>>> class der(base):
...     def b(self):
...         print('ウヒョ！ オイラはder.bだよ。')
...
>>> b=base()
>>> d=der()
>>> b.a()
私の名前はbase.aです。base.bをコールします
私の名前はbase.bです。der.bでオーバーライドされます
>>> d.a()
私の名前はbase.aです。base.bをコールします
ウヒョ！ オイラはder.bだよ。
```

　派生クラスでオーバーライドを行うメソッドは、実は同じ名前の基底クラス
のメソッドを単純に置き換えるのでなく、拡張がしたいのかもしれない。そ
こで、基底クラスのメソッドを直接呼ぶ簡単な方法がある。BaseClassName.
methodname(self, arguments)とコールすればよいのだ。これはクライアント

---

[3]　訳注：原文だけではわかりにくかったのでコードを付けた。

からも便利なことがままある（ただしこれはグローバルスコープで基底クラスが `BaseClassName` でアクセス可能な場合のみ可能だ）。

Python には、継承まわりで使える2つのビルトイン関数がある。

- インスタンスの型をチェックするには `isinstance()` を使おう。たとえば `isinstance(obj, int)` では、`obj.__class__` が int またはその派生クラスである場合にのみ True が返る。
- クラス継承のチェックに `issubclass()` を使おう。`issubclass(bool, int)` は True が返るが、これは bool が int のサブクラスであるからだ。ちなみに `issubclass(float, int)` は、float が int のサブクラスでないため False となる。

9.5.1 多重継承

Python では多重継承の一形態もサポートしている。複数の基底クラスを持つクラス定義はこのようになる：

```
class DerivedClassName(Base1, Base2, Base3):
    <文-1>
    .
    .
    .
    <文-N>
```

親クラスから継承した属性の探索順序は、ごく単純な多くの用途では、次のように考えることができる：深度優先で左から右へ、継承の階層構造に重複があっても同じクラスは探索しない、である。つまり、探索している属性が DerivedClassName に無ければ次は Base1 を、Base1 にも無ければ続いて Base1 の基底クラスを（再帰的に）探索し、そこにもない場合に Base2 を、といった具合になる。

実のところ、事態はもうちょっとだけ複雑だ。メソッド解決順は super() の協調コールをサポートするために動的に変化する。このアプローチは他の多重継承言語の一部で call-next-method と呼ばれているもので、単一継承言語の super コールよりパワフルだ。

動的な順位決定が必要なのは、多重継承では必ず網状の親子関係が起きるからだ（最下位のクラスから必ずどれかの親クラスに複数の経路でアクセス可能ということ）。たとえば、すべてのクラスは object クラスを継承しているので、多重継承で

は必ず object クラスに達する経路が2つ以上存在する。この動的アルゴリズムは、基底クラスに2回以上アクセスしないように、検索経路を一直線に並べる。各クラス内で定義された左から右への検索順を保持し、コールが親クラスを1度しか呼びださず、しかもモノトニック（単調的：クラスがその親クラスの順位に影響を及ぼさずサブクラス化可能であるという意味）なものとするのだ。こうしたことがすべて合わさることで、信頼性と拡張性のある多重継承可能なクラスの設計が可能である。さらなる詳細については https://www.python.org/download/releases/2.3/mro/ を参照されたい。

9.6　プライベート変数

オブジェクト内部からしかアクセスできない「プライベート」インスタンス変数はPythonには存在しない。とはいうものの、ほとんどのPythonコードで守られている慣習が存在する。アンダースコアが前置された名前（_spam など）はAPIの非公開部分である、というものだ（関数でもメソッドでもデータメンバであっても同じだ）。それは実装の細部であり、告知なしに変更されるものと考えるべきである。

クラスプライベートメンバについては、有効な利用ケースが存在するため（つまりサブクラスで定義した名前が名前衝突するのを防ぐため）、名前マングリング（挽き潰し）という限定的な機構がサポートされている。これは__spam のような形の識別子（2つ以上のアンダースコアが前置され、後置されるアンダースコアが1つ以下のもの）をすべて_classname__spam の形に字句的に置き換える、というものだ。classname の部分は、現在のクラス名から前置されたアンダースコア（存在すれば）を除いたものとなる。このマングリングはクラス内で定義されたものであれば必ず行われ、識別子の構文的な地位は考慮されない。

名前マングリングは、クラス内でのメソッド呼び出しを壊すことなくサブクラスにメソッドオーバーライドをさせやすくする。例を示す：

```
class Mapping:
    def __init__(self, iterable):
        self.items_list = []
        self.__update(iterable)

    def update(self, iterable):
        for item in iterable:
            self.items_list.append(item)

    __update = update   # 上のupdate()メソッドのプライベートコピー
```

```
class MappingSubclass(Mapping):

    def update(self, keys, values):
        # update()の新しいシグネチャを提供しつつ
        # 既存の__init__()は破壊せずに利用できる
        for item in zip(keys, values):
            self.items_list.append(item)
```

上の例は、たとえMappingSubclassが識別子__updateを導入したとしても動作
する。これはMappingクラス内のものは_Mapping__updateに、MappingSubclass
クラス内のものは_MappingSubclass__updateにそれぞれ置換されるからである。

このマングリング規則が、アクシデントを防ぐことしかほぼ考えていないものであ
ることに注意してほしい。プライベートとみなされている変数にアクセスしたり変更
したりすること自体は可能なのだ。これはデバッガなど、一定の状況下では有用な物
になりうる。

exec()やeval()に渡されたコードでは、呼び出しクラスが現在のクラスとみな
されないことに注意。これはglobal文の有効範囲に似ている。global文の有効範
囲も、一緒にバイトコンパイルされたコードに限られる。同様の制限はgetattr()、
delattr()や、__dict__への直接参照にも適用されている。

9.7　残り物あれこれ

- Pascalの「レコード」やCの「構造体」のように、名前のついたデータアイテ
  ムを集めておくデータ型があれば、ときに便利である。これには空のクラス定
  義を使うのがうまい:

  ```
  class Employee:
      pass

  john = Employee() # 空の従業員レコードを生成

  # レコードのフィールドを埋めていく
  john.name = 'John Doe'
  john.dept = 'computer lab'
  john.salary = 1000
  ```

- 特定のデータ型を想定したPythonコードに、そのデータ型のメソッドをエ
  ミュレートしたクラスを渡すことはよくある。たとえば、文字列バッファか
  らデータを得るクラスにread()およびreadline()メソッドを定義すると、

ファイルオブジェクトからデータを受け取って整形する関数に、引数として渡せるようにする。

- インスタンスメソッドオブジェクトにも属性がある。メソッドm()に対してインスタンスオブジェクトはm.__self__であり、メソッドに対応した関数オブジェクトはm.__func__である。

9.8 反復子（iterator）

もう気付いているかもしれないが、コンテナオブジェクトの多くはfor文でループできる：

```
for element in [1, 2, 3]:
    print(element)
for element in (1, 2, 3):
    print(element)
for key in {'one':1, 'two':2}:
    print(key)
for char in "123":
    print(char)
for line in open("myfile.txt"):
    print(line, end='')
```

このアクセススタイルはクリアで簡潔で便利だ。**反復子**（iterator）の利用はPythonを征服し、統一した。舞台裏では、for文はコンテナオブジェクトにiter()をコールするようになっている。この関数は反復子オブジェクトを返し、反復子オブジェクトにはコンテナの要素に1つずつアクセスする__next__()メソッドが定義してある。要素が尽きると、__next__()はStopIteration例外を送出し、forループはこれをうけて終了する。この__next__()メソッドは、ビルトイン関数next()をコールすることでコールできる。動作を見てみよう：

```
>>> s = 'abc'
>>> it = iter(s)
>>> it
<iterator object at 0x00A1DB50>
>>> next(it)
'a'
>>> next(it)
'b'
>>> next(it)
'c'
>>> next(it)
```

```
Traceback (most recent call last):
  File "<stdin>", line 1, in <module>
    next(it)
StopIteration
```

　反復子プロトコルの裏のメカニズムを見てしまえば、自作のクラスに反復子の振る舞いを追加するのは簡単だ。__next__()メソッドの付いたオブジェクトを返す__iter__()メソッドを定義すればよい。すでに__next__()が定義してあるクラスでは、__iter__()はselfを返すだけでよい：

```
class Reverse:
    "シーケンスを逆順にループする反復子"
    def __init__(self, data):
        self.data = data
        self.index = len(data)

    def __iter__(self):
        return self

    def __next__(self):
        if self.index == 0:
            raise StopIteration
        self.index = self.index - 1
        return self.data[self.index]

>>> rev = Reverse('spam')
>>> iter(rev)
<__main__.Reverse object at 0x00A1DB50>
>>> for char in rev:
...     print(char)
...
m
a
p
s
```

9.9　ジェネレータ

　ジェネレータは反復子を作るためのシンプルでパワフルなツールだ。普通の関数と同じように書くが、データを返す部分でyieldを使う。next()がコールされるたびに、ジェネレータは前回抜けたところに戻る（最後に実行された文と、すべてのデータの値を覚えているのだ）。ジェネレータが呆れるほど簡単に作れるのは例を見てもらえばわかる：

```
def reverse(data):
    for index in range(len(data)-1, -1, -1):
        yield data[index]

>>> for char in reverse('golf'):
...     print(char)
...
f
l
o
g
```

ジェネレータでできることは、前項で示したクラスベースの反復子にもできる。
ジェネレータがこれほどコンパクトなのは、__iter__()と__next__()の両メソッ
ドが自動的に生成されるからだ。

　鍵となる機能はもう1つある。それはローカル変数と実行状態が、コール間で
自動保存されていることだ。これにより関数が簡単に書けるようになり、しかも
self.indexとself.dataのようなインスタンス変数を使ったアプローチよりも、
はるかにクリアになる。

　自動的なのはメソッド生成とプログラム状態の保存だけではない。ジェネレータは
終了時に、自動的にStopIterationを送出する。こうした機能の組み合わせが、反
復子を書くのに要する努力を普通の関数と変わらなくしているのである。

9.10　ジェネレータ式

　簡単なジェネレータであれば式ほど簡潔に書ける。これはリスト内包によく似た構
文で、角カッコの代わりに丸カッコを使う。この式は、関数をくるむだけで手軽に使
えるジェネレータとしてデザインされた。ジェネレータ式はちゃんとしたジェネレー
タ定義よりコンパクトだが用途が狭い。しかし、等価のリスト内包よりメモリにやさ
しい。

　例を見よう:

```
>>> sum(i*i for i in range(10))            # 2乗して合計
285

>>> xvec = [10, 20, 30]
>>> yvec = [7, 5, 3]
>>> sum(x*y for x,y in zip(xvec, yvec))    # 内積
260
```

```
>>> # ページ中の単語を重複なしで
>>> unique_words = set(word  for line in page  for word in line.split())

>>> # 卒業生総代
>>> valedictorian = max((student.gpa, student.name) for student in
graduates)

>>> data = 'golf'
>>> list(data[i] for i in range(len(data)-1, -1, -1))
['f', 'l', 'o', 'g']
```

10章
標準ライブラリめぐり

10.1 OSインターフェイス

os モジュールはオペレーティングシステムとやり取りする関数を何ダースも提供する：

```
>>> import os
>>> os.getcwd()          # いまいるディレクトリを返す
'C:\\Python39'
>>> os.chdir('/server/accesslogs')    # カレントディレクトリ変更
>>> os.system('mkdir today')    # システム側のシェルでmkdirコマンドを実行
0
```

「from os import *」でなく、必ず「import os」を使うこと。これは os.open() がビルトインの open() 関数を隠さないようにするためだ。動作がぜんぜん違う。

os のように大きなモジュールを使うときは、ビルトイン関数の dir() と help() を相談相手にするとよい：

```
>>> import os
>>> dir(os)
<モジュールの関数がすべて入ったリストを返してくる>
>>> help(os)
<モジュールのdocstringから生成された詳細なマニュアルを返してくる>
```

日々のファイルやディレクトリの管理には、shutil モジュールによる使いやすい高水準インターフェイスがよい：

```
>>> import shutil
>>> shutil.copyfile('data.db', 'archive.db')
'archive.db'
```

```
>>> shutil.move('/build/executables', 'installdir')
'installdir'
```

10.2　ファイルのワイルドカード

globモジュールはディレクトリをワイルドカード検索してファイル名のリストを返す関数を提供する：

```
>>> import glob
>>> glob.glob('*.py')
['primes.py', 'random.py', 'quote.py']
```

10.3　コマンドライン引数

ユーティリティスクリプトではコマンドライン引数を処理する場合が多い。引数はsysモジュールのargv属性にリストとして格納されている。以下はコマンドラインでpython demo.py one two threeを実行した状態にあるものとする：

```
>>> import sys
>>> print(sys.argv)
['demo.py', 'one', 'two', 'three']
```

argparseモジュールはコマンドライン引数の処理に洗練されたメカニズムを提供する。以下のスクリプトは、1個以上のファイル名と、オプションとして表示行数を取る。

```
import argparse

parser = argparse.ArgumentParser(prog = 'top',
    description = 'Show top lines from each file')
parser.add_argument('filenames', nargs='+')
parser.add_argument('-l', '--lines', type=int, default=10)
args = parser.parse_args()
print(args)
```

コマンドラインでpython top.py --lines=5 alpha.txt beta.txtのように実行すると、スクリプトはargs.linesに5を、args.filenamesに['alpha.txt', 'beta.txt']をセットする。

10.4　エラー出力のリダイレクト（行き先を変えること）とプログラムの終了

sysモジュールにはstdin、stdout、stderrといった属性もついている。最後のstderrは、stdoutがリダイレクトされている際にも警告やエラーメッセージが見えるようにするのに便利だ：

```
>>> sys.stderr.write('Warning, log file not found starting a new one\n')
Warning, log file not found starting a new one
（警告、ログファイルがないから作りますよ）
```

いちばん直接的な方法でスクリプトを終了したいときは、sys.exit()を使おう。

10.5　文字列パターンマッチング

reモジュールは高度な文字列処理を行う正規表現ツールを提供する。正規表現は複雑なマッチングや操作に簡潔で最適化された解を与える：

```
>>> import re
>>> re.findall(r'\bf[a-z]*', 'which foot or hand fell fastest')
['foot', 'fell', 'fastest']
>>> re.sub(r'(\b[a-z]+) \1', r'\1', 'cat in the the hat')
'cat in the hat'
```

簡単なことしかしないときは、文字列メソッドのほうがよい。読みやすくデバッグしやすいからだ：

```
>>> 'tea for too'.replace('too', 'two')
'tea for two'
```

10.6　数学

mathモジュールを使うと、浮動小数点数数学用の下層のCライブラリ関数にアクセスできる：

```
>>> import math
>>> math.cos(math.pi / 4)
0.70710678118654757
>>> math.log(1024, 2)
10.0
```

randomモジュールは無作為抽出のツールを提供する：

```
>>> import random
>>> random.choice(['apple', 'pear', 'banana'])
'apple'
>>> random.sample(range(100), 10)    # 重複なしの抽出
[30, 83, 16, 4, 8, 81, 41, 50, 18, 33]
>>> random.random()     # ランダムな浮動小数点数
0.17970987693706186
>>> random.randrange(6)      # range(6)からランダムに選んだ整数
4
```

statisticsモジュールは数値データの基本統計量（平均、中央値、分散など）を求めるものだ：

```
>>> import statistics
>>> data = [2.75, 1.75, 1.25, 0.25, 0.5, 1.25, 3.5]
>>> statistics.mean(data) # 平均
1.6071428571428572
>>> statistics.median(data) # 中央値
1.25
>>> statistics.variance(data) # 分散
1.3720238095238095
```

SciPyプロジェクト（https://scipy.org）には、他のも数多くの数値計算用モジュールが公開されている。

10.7　インターネットへのアクセス

さまざまなインターネットプロトコルを処理してインターネットにアクセスする、さまざまなモジュールがある。特にシンプルなのはURLにあるデータを取得するurllib.requestと、メールを送るsmtplibだ[1]：

```
>>> from urllib.request import urlopen
>>> with urlopen('http://worldtimeapi.org/api/timezone/etc/UTC.txt') as response:
...     for line in response:
...         line = line.decode()          # バイトを文字列に
...         if line.startswith('datetime'):
...             print(line.rstrip())          # お尻のnewlineを外す
...
```

---

[1]　現在、このURLは機能していない。コードの趣旨はソースを行ごとに見て情報の埋め込まれた行を表示することである。

```
datetime: 2022-01-01T01:36:47.689215+00:00

>>> import smtplib
>>> server = smtplib.SMTP('localhost')
>>> server.sendmail('soothsayer@example.org', 'jcaesar@example.org',
... """To: jcaesar@example.org
... From: soothsayer@example.org
...
... Beware the Ides of March.
... """)
>>> server.quit()
```

（この例はローカルホストでメールサーバが走っていないと動かないことに注意）

10.8 日付と時間

　datetimeモジュールは、日付と時間を簡単にも複雑にも処理できる一連のクラスを提供する。日付と時間の計算をサポートしつつも、実装の焦点は出力の整形や操作のために効果的に要素抽出することに当てられている。このモジュールではタイムゾーンを意識したオブジェクトもサポートしている：

```
>>> # dateオブジェクトの構築と整形は簡単だ
>>> from datetime import date
>>> now = date.today()
>>> now
datetime.date(2003, 12, 2)
>>> now.strftime("%m-%d-%y. %d %b %Y is a %A on the %d day of %B.")
'12-02-03. 02 Dec 2003 is a Tuesday on the 02 day of December.'

>>> # dateはカレンダー計算をサポートしている
>>> birthday = date(1964, 7, 31)
>>> age = now - birthday
>>> age.days
14368
```

10.9 データ圧縮

　データのアーカイブ化と圧縮でよく使われるフォーマットの直接なサポートがzlib、gzip、bz2、lzma、zipfile、tarfileといったモジュールにより提供されている：

```
>>> import zlib
>>> s = b'witch which has which witches wrist watch'
>>> len(s)
41
>>> t = zlib.compress(s)
>>> len(t)
37
>>> zlib.decompress(t)
b'witch which has which witches wrist watch'
>>> zlib.crc32(s)
226805979
```

10.10　パフォーマンス計測

　問題に対するさまざまなアプローチの相対的なパフォーマンス差を知ることに血道を上げてきたPythonユーザーもいる。Pythonはこの疑問に即座に答える計測ツールを提供する。

　例を挙げよう。変数の交換で伝統的なアプローチの代わりにタプルパッキングとアンパッキングの機能を使いたいという衝動に駆られたとする。timeitモジュールは小さなパフォーマンス差をすばやく示してくれる：

```
>>> from timeit import Timer
>>> Timer('t=a; a=b; b=t', 'a=1; b=2').timeit()
0.57535828626024577
>>> Timer('a,b = b,a', 'a=1; b=2').timeit()
0.54962537085770791
```

　timeitが微細な粒度レベルを見るのに対し、profileおよびpstatsモジュールは、大きめのコードブロックを律速している部分を見付けるためのツールを提供する。

10.11　品質管理

　高品質のソフトウェアを開発する方法の1つに、関数を書くときテストも一緒に書いておき、開発中にこのテストをしょっちゅう実行する、というのがある。

　doctestモジュールは、モジュールをスキャンし、docstringに埋め込まれたテストを検証するツールを提供する。テストの構築は簡単で、一般的なコールとその結果を、docstringにカット&ペーストするだけだ。こうすると、ユーザーに用例を提供してドキュメントを改善できる上に、doctestモジュールにドキュメントの正

しさを保証させることができる：

```
def average(values):
    """数値のリストから算術平均を計算

    >>> print(average([20, 30, 70]))
    40.0
    """
    return sum(values) / len(values)

import doctest
doctest.testmod()    # 埋め込まれたテストを自動検証する
```

unittestモジュールはdoctestモジュールほど楽ではないが、より包括的な一連のテストを別ファイルに持っておくことができる：

```
import unittest

class TestStatisticalFunctions(unittest.TestCase):

    def test_average(self):
        self.assertEqual(average([20, 30, 70]), 40.0)
        self.assertEqual(round(average([1, 5, 7]), 1), 4.3)
        with self.assertRaises(ZeroDivisionError):
            average([])
        with self.assertRaises(TypeError):
            average(20, 30, 70)

unittest.main() # コマンドラインからコールする全テストが呼びだされる
```

10.12　電池付きであること

　Pythonには「電池付き」の哲学がある。これがもっともよく表れているのが、大きなパッケージにおける洗練された頑健な機能群である。たとえば次のようなものがある。例を示す：

- xmlrpc.clientおよびxmlrpc.serverモジュールを使えば、わずかな手間でリモートプロシジャーコールが実装できる。こんなモジュール名が付いているが、XMLの処理や知識は直接は必要ない。
- emailパッケージはメールメッセージを処理するライブラリのパッケージで、MIMEその他のRFC2822ベースのメッセージが処理できる。smtplibやpoplibとは違い、メッセージの送受はしない。emailパッケージとは、複雑

なメッセージ構造（添付を含む）の構築やデコード、さらにはインターネットエンコーディングやヘッダプロトコルを実装するための、完全なツールセットなのである。

- jsonパッケージは、このポピュラーなデータ交換フォーマットのパースに安定したサポートを提供する。csvモジュールは、データベースやスプレッドシートでサポートされているCSV（Comma-Separated Value。カンマ区切り値）形式ファイルの直接の読み書きをサポートする。XMLの処理はxml.etree.ElementTreeおよびxml.dom、xml.saxの各パッケージでサポートされている。これらを使えばPythonアプリケーションと他のツールのデータ交換が、やたらに簡単になる。

- sqlite3モジュールはSQLiteデータベースライブラリのラッパーで、微妙にノンスタンダードなSQL構文でアップデート、アクセスできる永続データベースを提供する。

- 国際化はgettextやlocaleといったモジュール群、そしてcodecsパッケージといったさまざまなモジュールによりサポートされている。

11章
標準ライブラリめぐり—PartII

　今度のツアーではプロフェッショナルな要求に応える高等なモジュールを扱う。これらが小さなスクリプトで使われることは稀だ。

11.1　出力整形

　reprlibモジュールはrepr()の別バージョンだ。巨大な、または深く入れ子になったコンテナオブジェクトを省略して表示する：

```
>>> import reprlib
>>> reprlib.repr(set('supercalifragilisticexpialidocious'))
"{'a', 'c', 'd', 'e', 'f', 'g', ...}"
```

　pprintモジュールを使うと、ビルトインオブジェクトにもユーザー定義オブジェクトにも使える洗練された出力制御が使える。出力はインタープリタが読める形になっている。結果が2行以上になるときは、データ構造をクリアに示すように、この「プリティ・プリンタ」は行を途中で切ってインデントを追加してくれる：

```
>>> import pprint
>>> t = [[[['black', 'cyan'], 'white', ['green', 'red']], [['magenta',
...     'yellow'], 'blue']]]
...
>>> pprint.pprint(t, width=30)
[[[['black', 'cyan'],
   'white',
   ['green', 'red']],
  [['magenta', 'yellow'],
   'blue']]]
```

textwrapモジュールはテキストの各段落を指定の幅に納まるように整形する：

```
>>> import textwrap
>>> doc = """The wrap() method is just like fill() except that it
... returns a list of strings instead of one big string with
... newlines to separate the wrapped lines."""
...
>>> print(textwrap.fill(doc, width=40))
The wrap() method is just like fill()
except that it returns a list of strings
instead of one big string with newlines
to separate the wrapped lines.
```
（wrap()はfill()そっくりのメソッドだが、折り返した行は
改行区切りの単一の大きな文字列で返さず、文字列のリストで返す）

localeモジュールは文化固有のデータフォーマットのデータベースにアクセスするものだ。localeのformat関数にあるオプション引数groupingを使うと、数値を桁区切り付きに整形できる：

```
>>> import locale
>>> locale.setlocale(locale.LC_ALL, 'English_United States.1252')
'English_United States.1252'
>>> conv = locale.localeconv()          # 慣習規則のマッピングを取得
>>> x = 1234567.8
>>> locale.format_string("%d", x, grouping=True)
'1,234,567'
>>> locale.format_string("%s%.*f", (conv['currency_symbol'],
...                       conv['frac_digits'], x), grouping=True)
'$1,234,567.80'
```

11.2 テンプレート

stringモジュールには、エンドユーザーが編集するのに向いた構文を持つ、万能のTemplateクラスがある。これを使えばアプリケーション自体を書き換えずにカスタマイズできるようになる。

整形ではプレースホルダ（置き換え記号）の名前として、$の後ろにPythonで有効な識別子[1]を付けたものを使う[2]。

プレースホルダを中カッコで囲めば、スペースで区切らなくても後ろに英文字・数

---

[1] 英文字・数字とアンダースコア。
[2] 訳注：Python3以降で有効な識別子はutf-8の範囲すべてだが、TemplateではASCIIの範囲の識別子しか使えないように実装されている。

字を続けられる。$$と書けばエスケープされた1つの$になる。

```
>>> from string import Template
>>> t = Template('${village}folk send $$10 to $cause.')
>>> t.substitute(village='Nottingham', cause='the ditch fund')
'Nottinghamfolk send $10 to the ditch fund.'
```
（ノッティンガムの人々はドブファンドに$10送る）

substitute メソッドは、プレースホルダをディクショナリかキーワード引数で渡さないと KeyError を送出する。こうした置き換えスタイルのアプリケーションでは、ユーザーからのデータは不完全かもしれないので、safe_substitute メソッドのほうが適しているかもしれない。こちらはデータがなければプレースホルダをそのままにする：

```
>>> t = Template('Return the $item to $owner.')
>>> d = dict(item='unladen swallow')
>>> t.substitute(d)
Traceback (most recent call last):
  ...
KeyError: 'owner'
>>> t.safe_substitute(d)
'Return the unladen swallow to $owner.'
```
（荷物を下ろしたツバメは$ownerにお戻しください）

Template のサブクラスでは区切文字（デリミタ）を変えられる。たとえば以下のようなフォトブラウザ向けバッチ処理リネームユーティリティでは、現在の日付、画像番号、ファイル形式などのプレースホルダに%記号を使いたいかもしれない：

```
>>> import time, os.path
>>> photofiles = ['img_1074.jpg', 'img_1076.jpg', 'img_1077.jpg']
>>> class BatchRename(Template):
...     delimiter = '%'
>>> fmt = input('どのようにリネームしますか (%d-日付 %n-番号 %f-形式): ')
どのようにリネームしますか (%d-日付 %n-番号 %f-形式): Ashley_%n%f

>>> t = BatchRename(fmt)
>>> date = time.strftime('%d%b%y')
>>> for i, filename in enumerate(photofiles):
...     base, ext = os.path.splitext(filename)
...     newname = t.substitute(d=date, n=i, f=ext)
...     print('{0} --> {1}'.format(filename, newname))

img_1074.jpg --> Ashley_0.jpg
img_1076.jpg --> Ashley_1.jpg
img_1077.jpg --> Ashley_2.jpg
```

テンプレートのアプリケーションとしては他に、さまざまな形式の出力の細部をプ
ログラムロジックから分離するというものが考えられる。XMLファイル、プレーン
テキスト、HTML用など、レポートのカスタムテンプレートを入れかえるのだ。

11.3　バイナリデータレコードの処理

structモジュールは、可変長のバイナリレコードを処理する関数であるpack()
とunpack()を提供する。以下はzipfileモジュールを使わずにZIPファイルの各
ヘッダ情報にループをかける例である。ここで使ったパックコード、HとIは、それ
ぞれ2バイトと4バイトの符号無し整数を示す。<はこれらが標準のサイズでありバ
イトオーダーがリトルエンディアンになっていることを示している:

```python
import struct

with open('myfile.zip', 'rb') as f:
    data = f.read()

start = 0
for i in range(3):                          # 先頭から3つのファイルのヘッダを示す
    start += 14
    fields = struct.unpack('<IIIHH', data[start:start+16])
    crc32, comp_size, uncomp_size, filenamesize, extra_size = fields

    start += 16
    filename = data[start:start+filenamesize]
    start += filenamesize
    extra = data[start:start+extra_size]
    print(filename, hex(crc32), comp_size, uncomp_size)

    start += extra_size + comp_size         #次のヘッダまでスキップ
```

11.4　マルチスレッド

スレッディングは、順序通りに進めなくてもよいタスクを分割する技法の1つだ。
ユーザーから入力を受けつつ他の処理を裏で進めるようなアプリケーションでは、応
答性を高めるのに使える。計算とI/Oを別々のスレッドで並行して走らせるというの
も似たような使用例だ。

以下のコードは、高水準のthreadingモジュールを利用することで、メインプロ
グラムを走らせたままバックグランド処理ができることを示すものだ:

```
import threading, zipfile

class AsyncZip(threading.Thread):
    def __init__(self, infile, outfile):
        threading.Thread.__init__(self)
        self.infile = infile
        self.outfile = outfile

    def run(self):
        f = zipfile.ZipFile(self.outfile, 'w', zipfile.ZIP_DEFLATED)
        f.write(self.infile)
        f.close()
        print('Finished background zip of:', self.infile)

background = AsyncZip('mydata.txt', 'myarchive.zip')
background.start()
print('メインプログラムは表で動き続けています。')

background.join()      # バックグランドタスクの終了を待つ
print('メインプログラムはバックグランド処理の終了まで待っていました。')
```

　マルチスレッドアプリケーションで本質的に難しいのは、データその他の資源を共有するスレッド同士の協調だ。thready モジュールでは、ロック、イベント、状態変数、セマフォなど、さまざまな同期プリミティブをこのために用意している。

　これらはパワフルなツールではあるが、設計を少し誤っただけで再現の難しい問題を入れ込みやすい。だからこうしたタスク協調においては、ある資源へのアクセスを単一のスレッドに集中しておいて、他のスレッドからのリクエストは queue モジュールを使ってこのスレッドに食わす、というアプローチを取るとよい。スレッド間通信と協調に Queue オブジェクトを使ったアプリケーションは、設計しやすく読みやすく、また信頼性も高まる。

11.5　ログ取り

　logging モジュールは機能万全かつ柔軟なログ記録システムである。もっともシンプルな使い方では、ログメッセージはファイルまたは sys.stderr に送られる:

```
import logging
logging.debug('Debugging information')
logging.info('Informational message')
logging.warning('Warning:config file %s not found', 'server.conf')
logging.error('Error occurred')
logging.critical('Critical error -- shutting down')
```

上の例では次のような出力となる：

```
WARNING:root:Warning:config file server.conf not found
ERROR:root:Error occurred
CRITICAL:root:Critical error -- shutting down
```

デフォルトでは、デバッグメッセージ（DEBUG）と情報的メッセージ（INFO）が抑制されており、出力先は標準エラー出力になっている。出力オプションとしては他に、eメール、データグラム、ソケット、HTTPサーバへの転送などがある。フィルタを追加してメッセージの優先度（DEBUG、INFO、WARNING、ERROR、CRITICAL）ごとに出力先を選ぶこともできる。

このロギングシステムの設定はPythonから直接行ってもよいし、アプリケーションを修正しなくてもカスタマイズが可能なように、ユーザー設定ファイルからロードするようにもできる。

11.6　弱参照

Pythonはメモリ管理を自動的に行う（ほとんどのオブジェクトに参照数カウントを行い、ガベージコレクションでは循環参照も除去する）。参照数がゼロになればメモリはすぐ解放される。

ほとんどのアプリケーションではこれでうまくいくが、あるオブジェクト群を他から使われている間だけ追跡しなければならない、という場合がたまにある。ところが追跡とは参照を行うことであり、これがオブジェクトを永続させてしまう。weakrefモジュールでは、参照を生成せずにオブジェクトを追跡するツールを提供する。不要になったオブジェクトは自動的に弱参照表から除かれ、弱参照オブジェクトへのコールバックが起きる。典型的な用途としては、生成コストの高いオブジェクトのキャッシングというのがある：

```
>>> import weakref, gc
>>> class A:
...     def __init__(self, value):
...         self.value = value
...     def __repr__(self):
...         return str(self.value)
...
>>> a = A(10)                    # 参照を生成する
>>> d = weakref.WeakValueDictionary()
>>> d['primary'] = a             # 参照を生成しない
```

```
>>> d['primary']              # オブジェクトが生きていれば取ってくる
10
>>> del a                     # 参照を削除
>>> gc.collect()              # ガベージコレクションを実行
0
>>> d['primary']              # エントリは自動的に削除されている
Traceback (most recent call last):
  File "<stdin>", line 1, in <module>
    d['primary']              # エントリは自動的に削除されている
  File "C:/python39/lib/weakref.py", line 46, in __getitem__
    o = self.data[key]()
KeyError: 'primary'
```

11.7　リスト操作のツール

多くのデータ構造はビルトインのリスト型で実現できる。とはいうものの、違った実装を使ってパフォーマンス上のトレードオフのありかたを変えたいこともある。

array（配列）モジュールは、同質のデータのみをコンパクトに収めるリスト類似のオブジェクト、arrayを提供する。以下の例では、数値を2バイトの符号無し2進数（タイプコードH）で格納する配列を示す。Python intを収めた通常のリストでは、エントリごとに通常16バイト取られる。

```
>>> from array import array
>>> a = array('H', [4000, 10, 700, 22222])
>>> sum(a)
26932
>>> a[1:3]
array('H', [10, 700])
```

collectionsモジュールは、左端部へのappendやpopはリストより高速だが、中央部のルックアップは低速であるdequeオブジェクトをもたらす。このオブジェクトは、キューや幅優先ツリー検索を実装するのに最適だ：

```
>>> from collections import deque
>>> d = deque(["task1", "task2", "task3"])
>>> d.append("task4")
>>> print("Handling", d.popleft())
Handling task1
```

```
unsearched = deque([starting_node])
def breadth_first_search(unsearched):
    node = unsearched.popleft()
    for m in gen_moves(node):
```

```
    if is_goal(m):
        return m
    unsearched.append(m)
```

ライブラリには、こうした別実装のリストの他、ソート済リストを操作する関数を持つ bisect モジュールなども備えている：

```
>>> import bisect
>>> scores = [(100, 'perl'), (200, 'tcl'), (400, 'lua'), (500,
'python')]
>>> bisect.insort(scores, (300, 'ruby'))
>>> scores
[(100, 'perl'), (200, 'tcl'), (300, 'ruby'), (400, 'lua'), (500,
'python')]
```

heapq モジュールは通常のリストをベースにヒープを実装する関数を提供する。ヒープでは最小値のエントリが常に位置ゼロに入る。これは、完全なソートは不要だが最小の要素には何度もアクセスする、というアプリケーションに便利なものである：

```
>>> from heapq import heapify, heappop, heappush
>>> data = [1, 3, 5, 7, 9, 2, 4, 6, 8, 0]
>>> heapify(data)                       # リストをヒープ順に並べ替える
>>> heappush(data, -5)                  # エントリを追加
>>> [heappop(data) for i in range(3)]   # 最小のエントリから3つ取得
[-5, 0, 1]
```

11.8　10進数の浮動小数点計算

decimal モジュールは、浮動小数点10進数で計算するためのデータ型 Decimal をもたらす。次のような用途では、ビルトイン float の浮動小数点2進数よりも、このクラスのほうがずっと便利だ：

- 財務アプリケーションなど、10進数の厳密な表現を要求される場合
- 精度を制御する場合
- 法や条例に沿った丸め規則が必要な場合
- 小数点以下の有効数字を追う必要がある場合
- 手計算と結果が一致することをユーザーが期待するようなアプリケーション

　たとえば70セントの電話料金に5％の税金を加える計算は、浮動小数点の10進数
と2進数で異なる結果となる。これをセント単位で四捨五入すると、意味のある差が
出てくる：

```
>>> from decimal import *
>>> round(Decimal('0.70') * Decimal('1.05'), 2)
Decimal('0.74')
>>> round(.70 * 1.05, 2)
0.73
```

　Decimalの結果には末尾のゼロが保存されるが、これは有効桁数2桁同士の乗算か
ら、自動的に4桁の有効桁数が推測されることによる。Decimalでは手計算を模した
数学処理を行い、浮動小数点2進数が10進数を厳密に表現できないために起きる問題
が回避できる。

　Decimalクラスはその厳密な表現により、モジュロ（剰余を使った）の計算や等値
判定など、浮動小数点2進数には向かないことを可能にする：

```
>>> Decimal('1.00') % Decimal('.10')
Decimal('0.00')
>>> 1.00 % 0.10
0.09999999999999995

>>> sum([Decimal('0.1')]*10) == Decimal('1.0')
True
>>> sum([0.1]*10) == 1.0
False
```

　decimalモジュールを使えば、必要な精度を使った計算ができる：

```
>>> getcontext().prec = 36
>>> Decimal(1) / Decimal(7)
Decimal('0.142857142857142857142857142857142857')
```

12章
仮想環境とパッケージ

12.1　イントロダクション

　Pythonアプリケーションでは、標準ライブラリに含まれていないパッケージやモジュールを使うことがよくある。あるライブラリの特定バージョンが必要なアプリケーションもある。これはすでに修正された特定のバグが必要だったり、ライブラリのインターフェイスの廃止されたバージョンを使って書かれていたりするためだ。

　このことが意味するのは、Pythonのインストール実体が1つだけではすべてのアプリケーションの要求を満たせないことがありうる、ということだ。アプリケーションAがあるモジュールのバージョン1.0を、アプリケーションBがバージョン2.0を必要としていた場合、要求は衝突状態にあるので、バージョン1.0を入れても2.0を入れてもどちらかのアプリケーションが実行できない。

　この問題への解が**仮想環境**の生成である。**仮想環境**（virtual environment、よくvirtualenvと短縮される）とは、特定バージョンのPythonのインストール実体を含む独立に機能するディレクトリツリー、プラス、種々の追加パッケージからなるものだ。

　異なるアプリケーションは異なる仮想環境を使用できる。上であげた要求衝突の例を解決するために、アプリケーションAにはバージョン1.0の入った仮想環境を、アプリケーションBにはバージョン2.0の入った別の仮想環境を持たせることができるわけだ。アプリケーションBがバージョン3.0にアップグレードされたライブラリを必要とするようになっても、アプリケーションAの環境には影響しない。

12.2　仮想環境の生成

　仮想環境を生成、管理するのに使われるモジュールを venv という。venv は通常、そこで利用可能なもっとも新しいバージョンの Python をインストールする。複数のバージョンの Python をインストールしてある場合は、「python3」なりなんなり、望みのバージョンを使って実行することにより Python バージョンを選択できる。

　仮想環境を生成するには、それを置きたいディレクトリに移動して、venv に仮想環境のディレクトリ名をつけて実行する。

```
python3 -m venv tutorial-env
```

　これは tutorial-env というディレクトリを（存在していなければ）作り、その中に Python インタープリタ、標準ライブラリ、そしてさまざまなサポートファイルによるディレクトリツリーを生成する。

　通常の仮想環境ディレクトリは .venv である。この名前は普通シェル上では隠しディレクトリになるので、ディレクトリが存在する理由を説明するような名前をつけるような面倒がない。また、一部のツールがサポートする環境変数定義ファイル .env と衝突することもない。

　仮想環境を生成したらアクティベートしよう。

　Windows では次のように実行する：

```
tutorial-env\Scripts\activate.bat
```

　Unix や MacOS では次のように実行する：

```
source tutorial-env/bin/activate
```

 このスクリプトは bash 向けである。csh や fish を使っている方は代わりに activate.csh および activate.fish を使っていただきたい。

　仮想環境をアクティベートすると、シェル・プロンプトが使用中の仮想環境を示すものに変更される。また"python"と入力したときに指定の特定バージョンのインストール実体が実行されるように、環境が改変される。例を示す：

```
$ source ~/envs/tutorial-env/bin/activate
(tutorial-env) $ python
Python 3.9 (default, Oct  5 2020, 11:29:23)
  ...
>>> import sys
>>> sys.path
['', '/usr/local/lib/python39.zip', ...,
'~/envs/tutorial-env/lib/python3.9/site-packages']
>>>
```

12.3　pipによるパッケージ管理

　pipというプログラムを使うと、パッケージのインストール、アップグレード、リムーブができる。pipはデフォルトではPython Package Index（https://pypi.org）からパッケージをインストールする。Python Package Indexのブラウズにはウェブブラウザを使えばよいが、pipの限定的な検索機能を使うこともできる。

```
(tutorial-env) $ pip search astronomy
skyfield     - Elegant astronomy for Python
gary         - Galactic astronomy and gravitational dynamics.
novas        - The United States Naval Observatory NOVAS astronomy library
astroobs     - Provides astronomy ephemeris to plan telescope observations
PyAstronomy  - A collection of astronomy related tools for Python.
...
```

　pipにはsearch、install、uninstall、freezeなど、さまざまなサブコマンドがある。（pipの完全なドキュメントは「Pythonモジュールのインストール」[†1]にある。）

　パッケージ名を指定すると、そのパッケージの最新バージョンがインストールできる：

```
(tutorial-env) $ python -m pip install novas
Collecting novas
  Downloading novas-3.1.1.3.tar.gz (136kB)
Installing collected packages: novas
  Running setup.py install for novas
Successfully installed novas-3.1.1.3
```

　パッケージ名の後ろに==とバージョン名を付けると、そのバージョンのパッケージをインストールできる：

---

†1　https://docs.python.org/ja/3/installing/index.html#installing-python-modules

```
(tutorial-env) $ python -m pip install requests==2.6.0
Collecting requests==2.6.0
  Using cached requests-2.6.0-py2.py3-none-any.whl
Installing collected packages: requests
Successfully installed requests-2.6.0
```

このコマンドをもう一度実行すると、当該バージョンはインストール済みであり何もしない、という表示が出る。他のバージョン番号を指定することでそのバージョンをインストールしたり、`pip install --upgrade`とすることで当該パッケージを最新バージョンにアップグレードすることができる。

```
(tutorial-env) $ python -m pip install --upgrade requests
Collecting requests
Installing collected packages: requests
  Found existing installation: requests 2.6.0
    Uninstalling requests-2.6.0:
      Successfully uninstalled requests-2.6.0
Successfully installed requests-2.7.0
```

`pip uninstall`にパッケージ名（複数可）を指定すると、その仮想環境からパッケージを削除する。

「`pip show パッケージ名`」で、そのパッケージの情報を表示する：

```
(tutorial-env) $ pip show requests
---
Metadata-Version: 2.0
Name: requests
Version: 2.7.0
Summary: Python HTTP for Humans.
Home-page: http://python-requests.org
Author: Kenneth Reitz
Author-email: me@kennethreitz.com
License: Apache 2.0
Location: /Users/akuchling/envs/tutorial-env/lib/python3.4/site-packages
Requires:
```

`pip list`はその仮想環境にインストールされたすべてのパッケージを表示する。

```
(tutorial-env) $ pip list
novas (3.1.1.3)
numpy (1.9.2)
pip (7.0.3)
requests (2.7.0)
setuptools (16.0)
```

　pip.freezeは同様にインストールされたパッケージのリストを作るものだが、こちらはpip install向けの形式を出力する。出力されるリストをrequirements.txtにセーブするのが一般的な使い方である。

```
(tutorial-env) $ pip freeze > requirements.txt
(tutorial-env) $ cat requirements.txt
novas==3.1.1.3
numpy==1.9.2
requests==2.7.0
```

　requirements.txtはバージョンコントロール向けにコミットしたり、アプリケーションとともに配布するのに使える。ユーザー側ではinstall -rで必要なパッケージをすべてインストールできる。

```
(tutorial-env) $ python -m pip install -r requirements.txt
Collecting novas==3.1.1.3 (from -r requirements.txt (line 1))
  ...
Collecting numpy==1.9.2 (from -r requirements.txt (line 2))
  ...
Collecting requests==2.7.0 (from -r requirements.txt (line 3))
  ...
Installing collected packages: novas, numpy, requests
  Running setup.py install for novas
Successfully installed novas-3.1.1.3 numpy-1.9.2 requests-2.7.0
```

　pipにはほかにもいろいろなオプションがある。「Pythonモジュールのインストール」が完全なドキュメントになっているので参照されたい[2]。パッケージを書き、Python Package Indexで配布したいと思ったら、「Pythonモジュールの配布」[3]というガイドをお読みいただきたい。

†2　https://docs.python.org/ja/3/installing/index.html#installing-python-modules
†3　https://docs.python.org/ja/3/distributing/index.html#distributing-python-modules

13章
次はなに？

　ここまで読まれた方は、Pythonが使いたい、現実の問題の対処にPythonを充てたい、とますます思っておられるはず。では、さらなる学習には何を見ればよいだろうか。

　このチュートリアルはPythonのドキュメントセットの一部だ。セットに入ってるドキュメントでは：

The Python Standard Library （Python標準ライブラリ）

このマニュアルには目を通しておこう。これは型、関数、および標準ライブラリのモジュールについての（簡潔だが）完全なリファレンスである。標準的なPythonディストリビューションには追加コードが山のように入ってる。UNIXメールボックスの読み込み、HTTP経由での文書取得、乱数生成、コマンドラインオプションの解釈、CGIプログラムの作成、データの圧縮、その他もろもろ多くのタスクをこなすモジュールがあるのだ。ライブラリリファレンスをざっと見ておくと、何があるのか感じが掴める。

Installing Python Modules （Pythonモジュールのインストール）

他のユーザーが書いた追加モジュールのインストール方法が解説してある。

The Python Language Reference (『Python言語リファレンス』または『リファレンスマニュアル』)

Pythonの構文やセマンティクスについての詳細な解説。読むのはきついが、言語そのものへのガイドとしては完全であり、有用だ。

他のPythonリソースとして：

python.org（https://www.python.org）
Pythonのメインサイト。コード、ドキュメント、関連ウェブページへのポインタがある。このサイトはヨーロッパ、日本、オーストラリアなど、あちこちにミラーがある。地域によってはメインサイトよりミラーのほうが速いはず。日本のサイトはhttps://www.python.jp。

Python documentation（https://docs.python.org）
Pythonドキュメントに直行。日本語はhttps://docs.python.org/ja/。

PyPI（https://pypi.org）
「チーズショップ[†1]」のあだ名もあったPython Package Index（Pythonパッケージ索引）は、ダウンロード可能なユーザー作成モジュールの目録だ。コードを世に出すようになったら、ここに登録して他の人たちが見つけられるようにするとよい。

Python Cookbook（https://code.activestate.com/recipes/langs/python/）
コード例、大規模モジュール、実用スクリプトの巨大コレクションだ。特に重要な貢献（コード、コメント）は同名の書籍『Python Cookbook』（O'Reilly Media刊、邦訳は『Pythonクックブック 第2版』オライリー・ジャパン刊）に収載されている。

pyvideo.org（https://pyvideo.org）
カンファレンスやユーザーグループミーティングのPython関係映像へのリンクを収集している。

SciPyプロジェクト（https://scipy.org）
SciPyプロジェクトには配列の高速な計算や操作のモジュールに加え、線形代数、フーリエ変換、非線形ソルバ、さまざまな分布による乱数、統計分析などのパッケージがある。

[†1]　「チーズショップ」はモンティ・パイソンのスケッチである。お客がチーズショップにやってくるが、彼の頼んだチーズのすべてに店員が売り切れであるという。

Python 関連の質問や問題報告は、ネットニュースの comp.lang.python か、python-list@python.org メーリングリストに送るとよい。ネットニュースとメーリングリストの間にはゲートウェイがあるので、どちらかにポストすれば両方に配信される。流量は 1 日およそ数百で、質問（と回答）のほか、新機能への要望や新モジュールのお知らせが流れる。メーリングリストのアーカイブは https://mail.python.org/pipermail/ にある。

ポストする前には Frequently Asked Questions （the FAQ とも呼ぶ。https://docs.python.org/3/faq/）を確認してほしい。FAQ では再々出てくるたくさんの質問に回答がなされているので、あなたの問題への解もすでにあるかもしれない。

14章
対話環境での入力行編集と
ヒストリ置換

インタープリタによっては、入力中の行の編集やヒストリ置換など、Korn シェル
や GNU Bash のような機能をサポートしているものがある。これは GNU Readline
ライブラリ[†1]で実装されており、さまざまな編集スタイルをサポートする。ライブ
ラリにはドキュメントが付属しているので、ここでまるまる繰り返すことはしない。

14.1　タブ補完とヒストリ編集

変数とモジュール名の補完はインタープリタの起動時に自動で有効になっており、
[Tab] キーで補完機能が呼び出せる。これは Python の文（命令）の名前、現在のロー
カル変数、使用できるモジュール名を検索する。`string.a`のようなドット付きの表
記に対しては一番最後にある「.」まで式を評価し、結果オブジェクトの属性の中から
補完候補を示す。名前の評価を行うため、`__getattr__()` メソッドを持つオブジェ
クトがあると、定義されたコードが実行される場合があるので注意すること。また、
デフォルト設定ではユーザーディレクトリの `.python_history` というファイルにヒ
ストリを保存するようにもなっている。ヒストリは以後の対話型インタープリタセッ
ションで利用できる。

14.2　その他の対話型インタープリタ

対話型インタープリタの機能は昔のバージョンに比べて格段の進歩を遂げた。とは
いうものの、要望がすべて実現できたわけではない。たとえば継続行で適切なインデ

---

†1　https://tiswww.case.edu/php/chet/readline/rltop.html

ント量を示してくれれば嬉しいだろう（インデントされたトークンが必要かどうか、パーサは知っているのだ）。補完メカニズムではインタープリタのシンボル表を使ってもよかった。カッコ、引用符、その他の対応をチェックする（さらには指示する）コマンドというのも便利だろう。

　拡張された対話型インタープリタとして長いこと存在するものにbpython[†2]がある。これはタブ補完、オブジェクト探索、高度なヒストリ管理といった機能を持つ。

　徹底的なカスタマイズや他のアプリケーションへの埋め込みも可能だ。類似の拡張対話環境にIPython[†3]というのもある。

†2　https://www.bpython-interpreter.org/
†3　https://ipython.org/

15章
浮動小数点（float）の演算：
その問題と限界

　浮動小数点数はコンピュータのハードウェアの中で、2を底とした（2進数による）分数で表現される。たとえば10進数の小数：

    0.125

は1/10 + 2/100 + 5/1000という値を持つが、同様に2進数の小数：

    0.001

は0/2 + 0/4 + 1/8という値を持つ。両者は等しい値であり、実のところ違いは前者が10進数の小数の記法で、後者が2進数の小数の記法で書いてあることにすぎない。

　不幸なことに、10進数の小数のほとんどは2進数の小数で正しく表現できない。ゆえに一般に、あなたが入力した10進の浮動小数点数は、実際には2進の浮動小数点数による近似値としてマシンに格納される。

　この問題は10進数で考えるとわかりやすい。1/3という分数を考えてみよう。これを10進数の小数で近似すると：

    0.3

　または、より改善して：

    0.33

　または、より改善して：

    0.333

といくらでも続けられる。数字をいくつ並べても結果が厳密に1/3になることはない

が、1/3の近似値としては改善されてゆく。

　同様に、2進数の数字をいくら並べても、2進数の分数では10進数の値0.1を正しく表現することはできない。1/10は、2進数では無限小数：

```
0.000110011001100110011001100110011001100110011001100110011...
```

になるのだ。無限に続くビットをどこかで止めれば、それが近似値だ。現代のマシンの多くにおけるfloatは、有効数字53ビットの2進数を分子に、2の累乗を分母に使った2進数の分数による近似値だ。1/10の場合は **3602879701896397 / 2 ** 55** となる。これは1/10の値に近いが、厳密にはイコールではない。

　ほとんどのユーザーがこの近似法に気付かないのは、その表示方法のためだ。Pythonはマシンが格納している2進法近似値を、もう一度10進法で近似して表示しているだけなのだ。もしPythonで0.1のために使われている2進法近似値の真の値を10進法で表示するなら、ほとんどのマシンでは次のようになる：

```
>>> 0.1
0.1000000000000000055511151231257827021181583404541015625
```

こんなにたくさんの数字はほとんどの人にとって有用ではないので、Pythonは値を丸めて表示して、数字の個数を抑えている：

```
>>> 1 / 10
0.1
```

ただし忘れないように。こうした表示が厳密に1/10を示すように見えていたとしても、実際に格納されている値は2進法分数を使った最近傍代表値なのである。

　おもしろいことに、同じ2進数を最近傍値に持つ10進数小数は数多く存在する。たとえば0.1と0.10000000000000001と0.1000000000000000055511151231257827021181583404541015625は、すべて **3602879701896397 / 2 ** 55** で近似される。これらの10進数値はどれも同じ近似値を持つため、どの数字が表示されてもよく、しかも依然として eval(repr(x)) == x の恒等式が成立する。

　歴史的に、Pythonプロンプトおよびビルトイン関数 repr() では、有効数字17桁で0.10000000000000001という表示を選んでいた。Python 3.1以降では、（ほとんどのシステムの）Pythonは一番短いものを選ぶことができるようになり、ただ0.1と表示する。

　これが2進浮動小数点数の本質に由来することに注意してほしい。Pythonのバグでも、あなたのコードのバグでもないのだ。ハードウェアの浮動小数点演算をサポー

トする言語なら、どれでも似たようなことを目にするだろう（言語によってはデフォルトで、またはあらゆる出力モードで、この違いを**表示**しないものもある）。

文字列フォーマッティングで少数桁の有効数字を出力し、もっと見た目をよくしたいこともあるだろう。

```
>>> format(math.pi, '.12g')   # 有効数字12桁
'3.14159265359'

>>> format(math.pi, '.2f')    # 小数点以下2桁
'3.14'

>>> repr(math.pi)
'3.141592653589793'
```

ただしこれが本当の意味で幻にすぎないことを意識するのは大事だ。あなたはマシンが持つ値の**表示**を丸めているにすぎない。

ここからまた驚くようなことが出てくる。たとえば0.1は厳密には1/10ではないので、0.1という値を3つ足しても厳密な0.3は出てこない：

```
>>> .1 + .1 + .1 == .3
False
```

こちらでも、0.1はすでにもっとも厳密な1/10の近似値であり、0.3はすでにもっとも厳密な3/10の近似値であるがゆえに、事前にround()関数で丸めても意味がない：

```
>>> round(.1, 1) + round(.1, 1) + round(.1, 1) == round(.3, 1)
False
```

これらの数字は意図した厳密な値にそれ以上近づくことはできないが、それでもround()関数は有用かもしれない。事後の丸めを行うことで非厳密な値同士の比較が可能になるからだ：

```
>>> round(.1 + .1 + .1, 10) == round(.3, 10)
True
```

2進の浮動小数点演算にはこのような驚きが絶えない。「0.1」の問題は下の「表現誤差」の項においてその詳細を厳密に論じる。その他のよくある驚きについては、「The Perils of Floating Point （浮動小数点の危険：https://www.lahey.com/float.htm）」を参照のこと。

結局のところ、「答えは簡単には出ません」。でも浮動小数点数をむやみに恐れない

こと！　Pythonの浮動小数点演算に見られる誤差は浮動小数点演算ハードウェア由来のものであり、ほとんどのマシンでは演算ごとに1/2**53以下程度だ。これはたいていのタスクでは必要十分以上であり、ただし10進演算でないこと、float演算をするたびに新たな丸め誤差が生じ得ることは意識しておく必要があるということだ。

　普通の用途で浮動小数点演算を使うときは、最後の結果の表示を想定桁数に丸めれば、期待したものが得られるはずだ（病的なケースもないではないが）。普通はstr()で十分だし、細かく制御したければ、ライブラリリファレンスの「書式指定文字列の文法」にあるstr.format()メソッド用フォーマット指定子の項[1]を読むとよい。

　10進数を厳密に表現する必要があるときは、会計アプリケーションや高精度アプリケーションに適した10進法演算を実装してあるdecimalモジュールを試してみること。

　厳密な演算のもう1つの形式がfractionsモジュールでサポートされている。これは有理数に基づいた演算を実装している（つまり1/3のような数字が厳密に表現される）。

　あなたが浮動小数点演算のヘビーユーザーであるなら、SciPyプロジェクト[2]で提供されている、Numerical Pythonパッケージをはじめとした数多くの数学・統計操作のパッケージを見ておくべきだろう。

　Pythonは、floatの厳密な値を**本当**に知りたい、という稀な場合に助けになるかもしれないツール、float.as_integer_ratioメソッドを提供している。float.as_integer_ratioメソッドはfloatの値を比によって示す：

```
>>> x = 3.14159
>>> x.as_integer_ratio()
(3537115888337719, 1125899906842624)
```

この比は厳密なものなので、元の値をロスなく再生成するのに使える：

```
>>> x == 3537115888337719 / 1125899906842624
True
```

float.hex()メソッドはfloatを16進数（底が16）で示すもので、これもコンピュータに格納された厳密な値を与える：

---

[1]　https://docs.python.org/ja/3/library/string.html#formatstrings
[2]　https://scipy.org

```
>>> x.hex()
'0x1.921f9f01b866ep+1'
```

この厳密な16進表現を使うと、`float`の値を正確に再構築できる：

```
>>> x == float.fromhex('0x1.921f9f01b866ep+1')
True
```

この表現は完全に正確なものであるため、異なるバージョンのPythonの間（プラットフォームにも依存しない）で値をやり取りする信頼性のある方法として、また同じ形式をサポートする他の言語（JavaやC99など）とのデータ交換方法として使える。

他の有用なツールとしては、加算時の精度低下を和らげるのに役立つ`math.fsum()`関数がある。これは値が加算されていくたびに「失われた数字」を記録していく。誤差が最終的な合計に表れるほど蓄積しないようにすることで計算全体の精度を改善しようとするものだ：

```
>>> sum([0.1]*10) == 1.0
False
>>> math.fsum([0.1] * 10) == 1.0
True
```

15.1　表現誤差

この項では「0.1」の例を詳細に解説し、あなたが同様の事態に遭遇したときのために、厳密な分析法を示す。読者が2進の浮動小数点表現に素養があることを前提とする。

表現誤差とは、10進数の分数（小数）には2進数の（2を底とする）分数で正しく表現できないものがある（実のところ、ほとんどできない）、という事実のことだ。Pythonが（そしてPerlが、Cが、C++、Java、Fortranその他多くが）あなたの期待する10進数を正しく表示しないのは主としてこのためだ。

なぜこうなるのか。1/10を2進の分数で厳密に表現することが不可能なためだ。現在（2000年11月）、ほとんどすべてのマシンがIEEE-754の浮動小数点演算を使用しており、ほとんどすべてのプラットフォームでPythonのfloat（浮動小数点数）をIEEE-754の「倍精度（double precision）」にマッピングしている。754 doubleは精度が53ビットなので、0.1を入力されたコンピュータは、これを可能な限り近似の小数に変換しようとする。この式はJ/2**N、ただしJはちょうど53ビットである整数だ。これによると：

```
1 / 10 ~= J / (2**N)
```

を、

```
J ~= 2**N / 10
```

と書き直すと、J はちょうど53ビット（すなわち >= 2**52 かつ < 2**53）である
ことから、N の最良値は56となる：

```
>>> 2**52 <=  2**56 // 10  < 2**53
True
```

　つまり、J を厳密に53ビットとする N の値は56だけだ。J の最適値はこの商を丸め
たものになる：

```
>>> q, r = divmod(2**56, 10)
>>> r
6
```

　余りが10の半分より大きいので、最良近似値は商の繰り上げで得られ：

```
>>> q+1
7205759403792794
```

となる。ゆえに754 double における1/10の最良近似値は：

```
7205759403792794 / 2 ** 56
```

である。分母分子を2で割る約分により：

```
3602879701896397 / 2 ** 55
```

となる。繰り上げのため、1/10よりわずかに大きくなっていることに注意されたい。
繰り上げがなければ商は1/10よりわずかに小さくなる。いずれにせよ**ちょうど**1/10
にはならない！

　つまりコンピュータは1/10を知覚することができないのだ。知覚するのは、上で
示した分数、すなわち754 double における最良近似値でしかないのだ：

```
>>> 0.1 * 2 ** 55
3602879701896397.0
```

　先程の小数に10**55を掛けてやると、この値を55桁の10進数として見ることが
できる：

```
>>> 3602879701896397 * 10 ** 55 // 2 ** 55
1000000000000000055511151231257827021181583404541015625
```

　これが意味するのは、コンピュータに格納されている正確な数字は10進数で
0.1000000000000000055511151231257827021181583404541015625に等しいという
ことだ。この10進数を完全に表示する代わりに、（古いバージョンのPythonを含め）
多くの言語ではこうした結果値を有効数字17桁に丸める：

```
>>> format(0.1, '.17f')
'0.10000000000000001'
```

　fractionsモジュールやdecimalモジュールを使うと、これまでの計算が簡単に
なる：

```
>>> from decimal import Decimal
>>> from fractions import Fraction

>>> Fraction.from_float(0.1)
Fraction(3602879701896397, 36028797018963968)

>>> (0.1).as_integer_ratio()
(3602879701896397, 36028797018963968)

>>> Decimal.from_float(0.1)
Decimal('0.1000000000000000055511151231257827021181583404541015625')

>>> format(Decimal.from_float(0.1), '.17')
'0.10000000000000001'
```

16章
補足

16.1　対話モード
16.1.1　エラー処理

　エラーが起きると、インタープリタはエラーメッセージとスタックトレースを表示する。対話モードであれば、そのあとプライマリプロンプトに戻る。入力がファイルから来ているときは、スタックトレースの表示後に、0（ゼロ）でない終了状態を返して終了する（try文のexcept節が処理する例外は、この文脈で言うところのエラーではない）。

　また、エラーの中には無条件に致命的なものもあり、これも0でない終了状態をもたらす。内部的な不整合やある種のメモリ不足がこれに当たる。エラーメッセージはすべて標準エラー出力に書き込まれる。コマンドの実行による通常の出力は、標準出力に書き込まれる。

　プライマリプロンプト、セカンダリプロンプトで割込キャラクタ（普通は[Ctrl]＋[C]キーか[Delete]キー）をタイプすると、入力をキャンセルしてプライマリプロンプトに戻る[†1]。コマンドの実行中に割込キャラクタをタイプすると、KeyboardInterrupt例外を送出させることになるが、これをtry文で処理することも可能である。

16.1.2　実行可能なPythonスクリプト

　BSDライクなUNIXシステムでは、Pythonスクリプトをシェルスクリプト同様、直接実行可能にすることができる。スクリプトの先頭を

---

†1　原注：GNU Readlineパッケージに問題があると、これが妨げられる。

```
#!/usr/bin/env python3.5
```

とした上で（インタープリタがユーザーのPATHの中にあるという想定である）、ファイルのモードを実行可能にするのである。「#!」はファイルの最初の2文字でなければならない。またプラットフォームによっては、この行の行末にWindows形式（\r\n）を許さず、UNIX形式（\n）になっていることが必要な場合がある。ちなみに「#」は、Pythonのコメント開始記号でもある。

スクリプトファイルのモードを「**実行可能**」にする（実行パーミッションを与える）にはchmodコマンドを使う：

```
$ chmod +x myscript.py
```

Windowsシステムには「実行可能モード」という概念がない。Pythonのインストーラが自動で.pyをpython.exeに関連付けるので、Pythonのファイルをダブルクリックすればスクリプトが実行できる。拡張子は.pywでもよく、こうした場合は通常はあらわれるコンソールウィンドウの表示が抑止される。

16.1.3　対話環境のスタートアップファイル

Pythonを対話的に使うとき、インタープリタの起動時に毎回決まったコマンドが実行できると便利なことが多い。起動時に実行するコマンド群を記したファイルを作り、環境変数PYTHONSTARTUPにこのファイルを指定してやればよい。UNIXシェルの.profileファイルによる機能と似たものである。

このファイルは対話セッションでのみ読み込まれ、Pythonがコマンドをスクリプトから読み込む場合や、コマンド入力元として/dev/ttyが明示的に指定された場合は読み込まれない（後者の振る舞いは、このこと以外は対話セッションと同様である）。ファイルは対話セッションのコマンドと同じ名前空間で実行されるので、ファイルで定義またはimportされたオブジェクトは、対話セッションの中で無条件に使える。プロンプト文字列のsys.ps1やsys.ps2を変更することもできる。

PYTHONSTARTUP で指定したグローバルのスタートアップファイルに if os.path.isfile('.pythonrc.py'): exec(open('.pythonrc.py').read()) などと書いてやると、カレントディレクトリから追加のスタートアップファイルが読み込める。対話セッション用スタートアップファイルをスクリプトから使いたいときは、以下を明示的に実行する必要がある：

```
import os
filename = os.environ.get('PYTHONSTARTUP')
if filename and os.path.isfile(filename):
    with open(filename) as fobj:
        startup_file = fobj.read()
    exec(startup_file)
```

16.1.4 モジュール構成のカスタマイズ

Python にはこれをカスタマイズするためのフックが 2 種類用意されている。sitecustomize と usercustomize である。その動作を見るには、まずあなたのユーザー用 site-packages ディレクトリの場所を知る必要がある。Python を起動して次のコードを実行しよう：

```
>>> import site
>>> site.getusersitepackages()
'/home/user/.local/lib/python3.5/site-packages'
```

それではこのディレクトリに usercustomize.py というファイルを作り、なんでも好きなものを入れよう。これは Python を起動すると毎回実行される（-s オプションで自動インポートを無効にしたとき以外）。

sitecustomize も同じように働くが、こちらは通常コンピュータの管理者が site-packages ディレクトリの中に作るものであり、usercustomize より先に実行される。詳細は site モジュールのドキュメント[†2]を参照されたい。

---

†2 https://docs.python.org/ja/3/library/site.html#module-site

付録A
用語

>>>

> 対話シェルにおけるデフォルトプロンプト。インタープリタで対話的に実行で
> きるようなコード例によく見られる。

...

> 次のいずれか：
> - 対話シェルにおけるもう1つのデフォルトプロンプト。インデントされ
>   たコードブロックや左右が対になったデリミタ（()や[]や{}やトリプル
>   クォート）の中にコードを書くときや、デコレータの指定後にあらわれる。
> - ビルトイン定数Ellipsis（省略記号）。

2to3

> ソースをパースし、そのパースツリーを横断していくことにより検出できる多
> くの非互換部を処理することにより、Python 2.xコードをPython 3.xコード
> に変換しようとするツール。2to3はlib2to3モジュールとして標準ライブラ
> リにあり、スタンドアローンで使うためにTools/scripts/2to3が提供され
> ている。ライブラリリファレンスの「2to3 --- Python 2から3への自動コード
> 変換」[†1]を参照のこと。

BDFL

> Benevolent Dictator For Life（神）、またの名をGuido van Rossum（https:
> //gvanrossum.github.io/）。Pythonの作者。

---

†1　https://docs.python.org/ja/3/library/2to3.html#to3-automated-python-2-to-3-code-translation

CPython

プログラム言語Pythonの基準実装であり、python.orgで配布されているもの。
「CPython」という用語は、この実装を他のたとえばJythonやIronPythonと
区別する必要がある時に使われる。

docstring（ドキュメンテーション文字列）

クラス、関数、モジュールの最初の式として表れる文字列リテラル。実行時に
は無視されるもののコンパイラには認識され、クラス、関数、モジュールの
__doc__属性に入る。イントロスペクション（内観）を通じて得られるため、
オブジェクトの正式なドキュメントの置き場となっている。

EAFP

Easier to ask for forgiveness than permission（ゴメンナサイはオネガイシマ
スより楽）の略。キーや属性が存在しているのを前提にコードし、間違ってい
れば例外をキャッチするという、Pythonでよく使われるコーディングスタイ
ル。クリーンで高速なこのスタイルは、try/except文がよく出てくるのが特
徴。Cなど多くの言語で一般的なLBYL（→）スタイルと対照をなす。

__future__

現行インタープリタと互換性のない新しい言語機能を動かすのに使える疑似モ
ジュール。__future__モジュールをインポートしてその変数を評価するこ
とにより、ある新機能が言語に導入された時期とデフォルトになる時期を知る
ことができる：

```
>>> import __future__
>>> __future__.division
_Feature((2, 2, 0, 'alpha', 2), (3, 0, 0, 'alpha', 0), 8192)
```

f文字列

頭にfの付いた文字列リテラルはよく「f文字列」と呼ばれる。これはformatted
string literals（フォーマット済み文字列リテラル）の略である。
参照：PEP 498

GIL

→ global interpreter lock

global interpreter lock（グローバルインタープリタロック/インタープリタ全体ロック）

Pythonバイトコードが同時に1つだけのスレッドで実行されることを保証するために、CPythonインタープリタがもちいているメカニズム。この機構は、オブジェクトモデル（dictなどの極めて重要なビルトイン型を含む）を同時アクセスに対して暗黙に安全とすることで、CPythonの実装を単純にしている。インタープリタ全体をロックするようにすると、マルチプロセッサマシンにおいては並列性のほとんどを犠牲にするものの、インタープリタ自体のマルチスレッド化が容易になる。ただし拡張モジュールによっては、圧縮やハッシングなどの計算負荷の高いタスクの実行時にGILを解放する設計になっているものもある。また、I/Oをおこなう際には常にGILが解放される。これまでにも「フリースレッド」のインタープリタ（はるかに細かい粒度で共有データをロックするもの）を作成する努力はなされているが、普通のシングルプロセッサ環境でのパフォーマンスが悪くなるため、いまだに成功していない。このパフォーマンス問題を解決するには実装がはるかに複雑になり、保守コストが相当に増大するだろうと信じられている。

IDLE

Integrated Development Environment for Python（Python統合開発環境）。IDLEはPythonの標準ディストリビューション同梱の、エディタとインタープリタによる基本的な環境である。

lambda

無名のインライン関数で、単一の式（→）により構成され、コール時に評価される。lambda関数を生成する構文は「lambda **[仮引数]: 式**」である。

LBYL

Look before you leap（飛ぶ前に見ろ/転ばぬ先の杖）。コールや検索を行う前に、その前提条件を明示的に判定するコーディングスタイル。EAFP（→）アプローチの逆で、if文がよく出てくるのが特徴。LBYLアプローチはマルチスレッド環境では「見る」と「飛ぶ」の間で競合状態に陥る危険がある。たとえば if key in mapping: return mapping[key] というコードは、if テストより後、ルックアップより前のタイミングで他のスレッドがkeyを削除してしまえば失敗する。この問題はロックまたはEAFPアプローチにより解決可能である。

MRO

→メソッド解決順

PEP

Python Enhancement Proposal（Python拡張提案書）。PEPはPythonの新しい機能、処理、環境についてPythonコミュニティに情報を提供し、記載を行うための設計文書である。PEPは提案される機能の技術仕様および理論的根拠を与えるべきである。PEPには、大きな新機能の提案、問題に対するコミュニティの意見聴取、およびPythonに導入された設計選択の文書化のための最優先メカニズムという目的がある。PEPの著者はコミュニティ内のコンセンサス形成と不同意意見の記録の義務がある。
参照：PEP 1

Python 3000

Python 3.x系統のリリースのニックネーム（バージョン3のリリースがはるか未来だった大昔に作られた言葉）。略称Py3k。

__slots__

クラス内で行われる宣言で、メモリの節約をおこなう。これは事前にインスタンス属性に使われるスペースを宣言し、またインスタンスディクショナリを使わないことによる。人気はあるものの、このテクニックを正しく使うのはそれなりにトリッキーだし、メモリクリティカルなアプリケーションでインスタンスが多数存在する、という稀なケース以外では控えるのがベストだ。

Zen of Python

Pythonの設計思想や哲学のリストアップで、この言語の理解と利用の役に立つ。対話プロンプトで import this と打ち込むとあらわれる。

アノテーション（注釈）

変数、クラス属性、関数引数、返り値に付けられるラベル。慣例的に型ヒント（→）として使用されている。ローカル変数の注釈は実行時にアクセスできないが、グローバル変数、クラス属性、関数の注釈はそれぞれモジュールの特殊属性 __annotations__、クラス、関数に格納されている。

参照：→変数注釈、→関数注釈、PEP484、PEP526

位置引数

→引数

入れ子のスコープ（nested scope）

自分を取り囲む部分で定義された変数を参照する能力。たとえば関数の中で関数が定義されると、内側の関数は外側の関数の変数を参照できる。入れ子のスコープは参照にのみ有効で、代入には適用されないことに注意。これに対し、ローカル変数は最内のスコープに読み書き（参照と代入）をおこなう。同様にグローバル変数はグローバル名前空間に読み書きをおこなう。nonlocal は外側のスコープへの書き込みを許可する。

インタープリタ・シャットダウン

Pythonインタープリタはシャットダウンを要求されると、割当てられたすべてのリソースを、つまりモジュールなどのさまざまに重要な内部構造を、段階的に解放する特殊フェイズに入る。また、ガベージコレクター（→ガベージコレクション）を何度か起動する。これはユーザー定義の終了処理（デストラクタ）のコードや弱参照コールバックの実行トリガになりうる。シャットダウンフェイズで実行されるコードは依存するリソースが既に機能しなくなっている（よくあるのはライブラリモジュールやワーニング機構である）ために、さまざまな例外に当たることがある。インタープリタ・シャットダウンの起きる主な理由は __main__ モジュールやスクリプトの実行が終了することである。

インタープリタによる（interpreted）

Pythonは、コンパイラ言語の反対の意味のインタープリタ言語（interpreted language）であるが、バイトコードコンパイラが存在するため、この区別は曖昧なものともいえる。これはソースファイルを直接実行できる、つまり明示的に実行可能形式を生成する必要がないことを意味する。インタープリタ言語はコンパイラ言語より開発/デバッグのサイクルが短くなるのが通例だが、実行速度は一般に遅い。

参照：→対話的

インポーター

モジュールの発見とロードの両方を行うオブジェクト。ファインダー（→）でもありローダー（→）でもあるというオブジェクト。

インポーティング

あるモジュールのPythonコードが他のモジュールのPythonコードから利用可能になる過程。

インポートパス

パスベースファインダー（→）がインポートするモジュールを探索する場所（パスエントリー（→）ともいう）のリスト。通常のインポートでは sys.path による場所リストだが、サブパッケージでは親パッケージの__path__属性も使われる。

オブジェクト

状態（属性または値）と、定義された振舞い（メソッド）を持っているすべてのデータ。または、すべての新スタイルクラス（→）の最終的な基底クラス。

拡張モジュール

CやC++で書かれたモジュールで、C APIを使ってPythonのコアやユーザーコードと相互作用するもの。

仮想環境

協調的に隔離されたランタイム環境で、ユーザーやアプリケーションが同じシステムで走る他のPythonアプリケーションと干渉することなく、さまざまなPythonディストリビューションパッケージを個々にインストール、アップグレードできるようにしたもの。ライブラリリファレンス「venv --- 仮想環境の作成」[†2]を参照のこと。

仮想マシン

すべてをソフトウェアで定義されたコンピュータ。Pythonの仮想マシンはバイトコードコンパイラから出てきたバイトコード（→）を実行する。

型（type）

Pythonオブジェクトにおいて、型とはそれがどんな種類のオブジェクトであるかを決定するものである。つまり、すべてのオブジェクトは型を持っている。オブジェクトの型は__class__属性によりアクセスしたり、type(obj)で取得したりすることができる。

型エイリアス

型のシノニム。型を識別子に代入することで生成される。型エイリアスは型ヒント（→）を単純化するのに役立つ。例を示す：

```
def remove_gray_shades(
        colors: list[tuple[int, int, int]]) ->
                        list[tuple[int, int, int]]:
    pass
```

これは次のようにして読みやすくすることができる：

```
Color = tuple[int, int, int]
```

```
def remove_gray_shades(colors: list[Color]) -> list[Color]:
    pass
```

機能の解説はライブラリリファレンス「typing --- 型ヒントのサポート」[†3]を参照。

---

†2　https://docs.python.org/ja/3/library/venv.html#module-venv
†3　https://docs.python.org/ja/3/library/typing.html#module-typing

型強制 (coercion)

ある型のインスタンスを暗黙に他の型へ変換すること。同じ型のオブジェクト2つを引数に取る演算で起きる。たとえば int(3.15) というのは浮動小数点数 (float) を整数 (int) 3 に変換するが、3+4.5 では両者の型が異なるため (片方は int でもう片方は float)、同じ型に変換しないで加算すると TypeError が起きる。型強制がないと、プログラマは互換性のある型同士を含むすべての引数を等価物で正規化しなければならない。たとえば 3+4.5 ではなく float(3)+4.5 となる。

型ヒント

変数、クラス属性、関数の仮引数や返り値を指定する注釈 (→アノテーション)。型ヒントはオプションであり Python 言語が強制するものではないが、静的型分析ツールに有用であり、コード補完やリファクタリングをおこなう IDE を支援する。グローバル変数、クラス属性、関数の型ヒントは typing.get_type_hints 関数でアクセスできる (ローカル変数のものはできない)。機能の解説はライブラリリファレンス「typing --- 型ヒントのサポート」[†4]を参照。

ガベージコレクション

使われなくなったメモリを開放するプロセス。Python は、参照カウントおよび循環参照を検出・ブレイクできる循環ガベージコレクタによりガベージコレクションを実行している。ガベージコレクタは gc モジュールを使って制御できる。

可変体 (mutable)

id() を変えずに値が変えられるオブジェクト。

参照：→不変体

関数

呼び出し元に 1 個以上の値を返す一連の文。0 個以上の引数 (→) を渡して関数本体の実行時に使用することができる。

参照：→仮引数、→メソッド、言語リファレンスの「関数の定義」節

[†4]　https://docs.python.org/ja/3/library/typing.html#module-typing

関数注釈（関数アノテーション）

関数の仮引数や返り値に付けられるアノテーション（注釈）（→）。関数注釈はふつう、型ヒント（→）のために使用されるものである。たとえば以下の関数は引数として2つの整数（int）を取り、返り値としても整数を期待するものだ：

```
def sum_two_numbers(a: int, b: int) -> int:
    return a + b
```

関数注釈の文法については関数（→）に解説がある。

参照：→変数注釈

キー関数

キー関数または照合関数とは、ソート（順序付け）に使える値を返すコーラブルのことである。たとえばロケール固有のソート慣習を意識したソートキーを生成する locale.strxfrm() 関数はこの例である。Python ではさまざまなツールがキー関数を受け取り、要素の順序付けやグルーピングを制御するのに使う。こうした例としては min()、max()、sorted()、list.sort()、heapq.merge()、heapq.nsmallest()、heapq.nlargest()、itertools.groupby() がある。キー関数を生成する方法はいくつもある。例えば、str.lower() メソッドは大文字小文字無関係のソートでのキー関数になる。他にはラムダ式を使って、lambda r: (r[0], r[2]) のようにキー関数を構築することができる。また、operator モジュールはキー関数コンストラクタを3種類用意している。operator.attrgetter()、operator.itemgetter()、operator.methodcaller() である。キー関数の作り方と使い方の例は「ソート HOW TO[5]」を参照されたい。

キーワード引数

→引数

クラス

ユーザー定義オブジェクトを生成するための雛形。クラス定義には通常、そのクラスのインスタンスで実行されるメソッドの定義が書かれている。

---

[5] https://docs.python.org/ja/3/howto/sorting.html#sorting-how-to

クラス変数

クラス内で定義され、クラスレベルでのみ改変されることを(そのクラスのインスタンスでは改変されないことを)意図した変数。

コルーチン

コルーチンはサブルーチンの、より一般性の高い形である。サブルーチンは1つのポイントから入り、別の1つのポイントから抜けるものである。コルーチンは数多くの異なったポイントから入り、抜け、再開することができる。コルーチンは async def 文で実装することができる。「PEP 492 - コルーチン、async と await 構文[†6]」を参照のこと。

コルーチン関数

コルーチン(→)オブジェクトを返す関数。コルーチン関数は async def 文で定義することができ、await、async for、async with キーワードを含むことができる。これらは PEP 492 により導入された。

コールバック

将来のある時点で実行されるように引数として渡されるサブルーチン関数。

コンテキスト変数

コンテキストによって異なる値を持ちうる変数。これはスレッドローカルストレージのようなものである。これは実行スレッドごとに1つの変数で異なる値を持つことができる。ただしコンテキスト変数の場合、1つの実行スレッド内に複数のコンテキストが存在することがあるし、主な用途も並列非同期タスクにおける変数の追跡にある。

参照:ライブラリリファレンスの「contextvars --- コンテキスト変数」[†7]

コンテキストマネージャ

with 文における環境を__enter__() メソッドと__exit__() メソッドを定義することによりコントロールするもの。

参照:PEP 343

---

†6　https://docs.python.org/ja/3/whatsnew/3.5.html#pep-492-coroutines-with-async-and-await-syntax
†7　https://docs.python.org/ja/3.9/library/contextvars.html#module-contextvars

参照カウント

オブジェクトへの参照の個数。あるオブジェクトへの参照カウントがゼロまで落ちると、そのオブジェクトへのアロケートが外される。一般的にはPythonコードから見えもしない参照のカウンティングだが、実はCPython実装のキー要素である。sysモジュールには、特定のオブジェクトの参照カウントを返すために使える`getrefcount()`関数が定義してある。

暫定（プロビジョナル）API

暫定APIとは、標準ライブラリの後方互換性保証から故意に除外されているAPIのこと。通常こうしたインターフェイスへの大変更は想定されていないが、暫定マークの付いたものに関しては、Python言語のコア開発者が必須と判断した場合に後方非互換な変更が（そのインターフェイスの削除まで含め）ありうる。こうした変更は無意味にはおこなわれない——APIを取り込む前に見逃されていた深刻で根本的な瑕瑾が見つかった場合にのみおこなわれる。たとえ暫定APIであっても、後方非互換な変更は「最後の解決法」である——特定された個々の問題に対して後方互換な解決法を探すありとあらゆる努力がなされるのだ。このプロセスにより、標準ライブラリは問題のある設計を長期にわたりロックインしてしまうことなしに発展し続けることが可能となっている。

参照：PEP 411

暫定パッケージ

→暫定API

シーケンス

反復可能体のうち、整数インデックスによる効率的な要素アクセスを
特殊メソッド__getitem__() によってサポートし、シーケンスの長さ
を返す__len__() メソッドを定義してあるもの。ビルトインのシーケ
ンス型としては list、str、tuple、bytes などがある。ちなみに dict
も__getitem__() と__len__() をサポートしているが、整数インデック
スではなく任意の不変体（→）により検索を行うため、シーケンスではな
くマッピングと見なされる。抽象ベースクラス collections.abc.Sequence
は、__getitem__() と__len__() にとどまらず、count()、index()、
__contains__()、__reversed__() を加えた非常にリッチなインターフェ
イスが定義してある。この拡張インターフェイスを実装する型は register()
を使って明示的に登録できる。

式（expression）

文法上の1単位で、評価されてなんらかの値になりうるもの。言い換えれば、
リテラル、名前、属性アクセス、演算子、関数コールといった、いずれも1つ
の値を返すもの。他の多くの言語とはことなり、言語の構成体のすべてが式で
はない。whileのように式として使用できない「文（→）」も存在する。代入
も文である。式ではない。

修飾名（クオリファイド・ネーム）

あるモジュールのグローバルスコープから、そのモジュールで定義されたクラ
ス、関数、メソッドへの「パス」を示したドット区切りの名前で、PEP 3155で
定義されている。トップレベルにある関数やクラスについては、修飾名はオブ
ジェクト名と同じになる：

```
>>> class C:
...     class D:
...         def meth(self):
...             pass
...
>>> C.__qualname__
'C'
>>> C.D.__qualname__
'C.D'
>>> C.D.meth.__qualname__
'C.D.meth'
```

モジュールを参照する際の"完全修飾名"とは、email.mime.textのように、そのモジュールにいたる親パッケージをすべて含むドット区切りのパスである。

```
>>> import email.mime.text
>>> email.mime.text.__name__
'email.mime.text'
```

ジェネレータ

ジェネレータ反復子（→）を返す関数。ほとんど普通の関数に見えるが、yield式を持っているところが違う。yield式は値を次々に生成するもので、この値はforループで使ったり、next()関数で1つずつ取り出したりすることができる。ジェネレータという語は通常ジェネレータ関数を指すが、文脈によってはジェネレータ反復子を指していることがある。意味が本当には明瞭でないときは、完全な用語のほうを使うと曖昧さを避けられる。

ジェネレータ式

反復子を返す式。通常の式のように見えるが、後ろにはループの変数、範囲、if節（オプション）を定義するfor節が付いている。これは複合式であり、取り囲む関数に向けて値を生成する。

```
>>> sum(i*i for i in range(10))    # 二乗数0, 1, 4, ... 81の合計
285
```

ジェネレータ反復子

ジェネレータ（→）関数が生成したオブジェクト。yieldがあれば、その位置での実行状態（ローカル変数と未解決のトライ文を含む）を覚えておいて処理を一時停止する。ジェネレータ反復子は、再開されると脱出した場所に戻る（実行のたびに最初から始める関数とは対照をなす）。

シングルディスパッチ

総称関数のディスパッチの一形態で、単一の引数の型をもとに実装を選択するもの。

新スタイルクラス（new-style class）

現在すべてのクラスオブジェクトで使われているクラス形式の古い呼び名。以前のバージョンのPythonでは、`__slots__`やディスクリプタ、プロパティ、`__getattribute__()`、クラスメソッド、静的メソッドといった新しめで使い道の多い機能は、新スタイルクラスでしか使えなかった。

スライス

シーケンス（→）の一部を切り取っているのが普通であるところのオブジェクト。スライスは`[]`を後置することで作られる。`[]`の中にはコロン区切りの数字が入れられて`variable_name[1:3:5]`のようにもなる。この角カッコ（後置）記法は内部的にはスライスオブジェクトを使っている。

総称関数

ある操作をさまざまな型に適用するためのさまざまな実装関数からなる関数。コール時にどの実装を使うべきかはディスパッチアルゴリズムにより決定する。
参照：→シングルディスパッチ、デコレータ`@functools.singledispatch()`のドキュメント、PEP 443

属性

オブジェクトに関連付けられ、ドット表記を使って名前で参照されるような値。たとえばオブジェクト`o`が属性`a`を持つなら、それは`o.a`で参照される。

待機可能［体］（awaitable）

`await`式で使うことができるオブジェクト。コルーチン（→）または`__await__()`メソッドを持つオブジェクトである。
参照：PEP 492

対話的

Pythonは対話的なインタープリタを持つので、文や式をインタープリタのプロンプトに入力し、即座に実行して結果を見ることが可能である。引数なしで`python`と打ち込んで（またはメインメニューから選んで）起動すればよい。これは新しいアイディアを試したり、モジュールやパッケージを調べたりするのに、非常に強力な手段である（`help('x')`を忘れずに）。

ダックタイピング（アヒル的型付け）

あるオブジェクトが適切なインターフェイスを持っているかを、そのオブジェクトの型を見ずに決めるプログラミングスタイル。かわりにメソッドまたは属性をいきなりコールしたり使ってみたりする（「アヒルに見えアヒルのようにガーガー鳴くならアヒルに違いない」）。型よりもインターフェイスに着目することにより、うまく設計されたコードでは多形的（ポリモーフィック）な置き換えが可能になり、柔軟性が上がる。ダックタイピングでは type() や isinstance() によるテストは行わないこと（ただしダックタイピングに抽象ベースクラス（→）を組み合わせて補うという手はある）。典型的には、これに代えて hasattr() によるテストや EAFP（→）プログラミングを用いる。

抽象ベースクラス

抽象ベースクラス（Abstract Base Class。略称ABC）はダックタイピング（→）のお供で、hasattr() など他のテクニックを使うと無様になったり微妙にまちがいになる（たとえばマジックメソッドと使う）場合にインターフェイスを定義する手段を提供する。ABC は仮想サブクラスを導入する。これはクラスからの継承をしていないにもかかわらず isinstance() や issubclass() からは認識される、というサブクラスである（詳細は abc モジュールのドキュメントを参照）。Python には数多くの ABC が付属しており、データ構造（collections.abc モジュール）、数字（numbers モジュール）、ストリーム（io モジュール）、インポートファインダーおよびローダー（importlib.abc モジュール）のためのものがある。abc モジュールを使うことで自作もできる。

ディクショナリ

任意のキーと値を対応付けた連想配列。キーには __hash__() メソッドと __eq__() メソッドを持ったあらゆるオブジェクトが使用できる。Perl ではハッシュと呼ばれている。

ディクショナリ・ビュー

dict.keys()、dict.values()、dict.items()により返されるオブジェク
トをディクショナリ・ビューと言う。これらはディクショナリ項目の動的な
ビューを提供する。つまりディクショナリが変更されると、ビューはただちに
その変更を反映する。ディクショナリ・ビューを強制的に完全なリストにする
ときはlist(dictview)を使う。
参照：ライブラリリファレンスの「辞書ビューオブジェクト」[8]

ディスクリプタ

__get__()、__set__()、__delete__()のいずれかのメソッドが定義して
いるすべてのオブジェクト。クラス属性がディスクリプタであると、属性参照
を行うことで属性に結合された特殊動作が起動される。通常の場合、属性を取
得（get）、設定（set）、削除（delete）するためにa.bを使用すると、aのク
ラスディクショナリからbという名前のオブジェクトを検索するが、bがディ
スクリプタである場合、対応したディスクリプタメソッドがコールされる。さ
まざまなディスクリプタの理解はPythonを深く理解する鍵である。関数、メ
ソッド、プロパティ、クラスメソッド、静的メソッド、スーパークラスの参照
など、多くの機能の基礎となっているからである。ディスクリプタのメソッド
についての詳細は「ディスクリプタHowToガイド」[9]を参照。

テキストエンコーディング

ユニコード文字列をbytesにエンコードするcodec。

テキストファイル

strオブジェクトを読み書きできるファイルオブジェクト。「テキストファイ
ル」が実際にはテキストエンコーディング（→）を自動で処理するバイト指向
のデータストリームへのアクセスであることはしばしばある。テキストファイ
ルの例としては、テキストモード（r、w）で開かれるファイル、sys.stdin、
sys.stdout、さらにはio.StringIOクラスのインスタンスがある。バイト
的オブジェクト（→）を読み書きできるファイルオブジェクトについてはバイ
ナリファイル（→）参照。

---

† 8　https://docs.python.org/ja/3/library/stdtypes.html#dictionary-view-objects
† 9　https://docs.python.org/ja/3/howto/descriptor.html

デコレータ

他の関数を返す関数で、通常は@wrapperの構文を使って関数を変形する。デ
コレータの一般的な例としてはclassmethod()やstaticmethod()がある。
デコレータ構文は構文シュガーにすぎず、以下の2つの関数定義はセマンティ
クス的には等価である：

```
def f(...):
    ...
f = staticmethod(f)

@staticmethod
def f(...):
    ...
```

同じ概念はクラスにも存在するが、これほど一般的には使われていない。デコ
レータについてのさらなる詳細については、Python言語リファレンスの「関
数定義」[†10]および「クラス定義」[†11]を参照。

特殊メソッド（special method）

型の特定の演算、たとえば加算を実行するために、Pythonが暗黙にコールす
るメソッド。こうしたメソッドは前後に2つのアンダースコアが付いた名前
を持つ。特殊メソッドについてはPython言語リファレンスの「特殊メソッド
名」[†12]で解説されている。

トリプルクォートされた（三重引用符に囲まれた）文字列

引用符（"）またはアポストロフィ（'）のインスタンス3個で囲まれた文字列。
機能的には単引用符の文字列に不可能なことを提供するわけではないが、いく
つかの理由により有用だ。文字列内にエスケープなしで単引用符や二重引用符
を使うことができ、また継続記号なしに複数行にまたがることができるため、
docstringを書く際に特に便利である。

---

† 10 https://docs.python.org/ja/3/reference/compound_stmts.html#function-definitions
† 11 https://docs.python.org/ja/3/reference/compound_stmts.html#class-definitions
† 12 https://docs.python.org/ja/3/reference/datamodel.html#special-method-names

名前空間

値が格納される場所。名前空間はディクショナリで実装されている。ローカル、グローバル、ビルトインの各名前空間のほか、オブジェクト（およびメソッド）に入れ子になった名前空間がある。名前空間は名前衝突を回避させることでコードのモジュール化をサポートしている。たとえば関数 `builtins.open()` と `os.open()` は、その名前空間によって区別される。名前空間は関数の実装元モジュールを明らかにするので、読みやすさやメンテナンス性をも高める。たとえば `random.seed()` や `itertools.izip()` と書けば、これらの関数がそれぞれ `random` および `itertools` モジュールで実装されていることが明らかになる。

名前空間パッケージ

PEP 420 パッケージのうち、サブパッケージのコンテナとしてのみ働くもの。名前空間パッケージは物理実体を持たないことがあり、レギュラーパッケージ（→）とは `__init__.py` を持たないために明確に異なる。

名前付きタプル（named tuple）

「名前付きタプル」という用語は、タプルを継承し、そのインデックスアクセス可能な要素に対して名前付き属性によるアクセスも可能な型すべてを指す。そうした型やクラスが他の機能を持っていても構わない。ビルトイン型の一部は名前付きタプルであり、`time.localtime()` や `os.stat()` の返り値もそうである。他の例としては `sys.float_info` がある。

```
>>> sys.float_info[1]              # インデックスでアクセス
1024
>>> sys.float_info.max_exp         # 名前付きフィールドでアクセス
1024
>>> isinstance(sys.float_info, tuple)    # タプルの一種かどうか
True
```

名前付きタプルの一部はビルトイン型である（上記の例のように）。これに対し、タプルクラスから継承して名前付きフィールドを定義することで名前付きタプルを作ることもできる。こうしたクラスは自分で書いていくこともできるし、ファクトリ関数 `collections.namedtuple()` によって生成することもできる。後者の方法を使えば、自分で書いたりビルトイン型に含まれる名前付きタプルには無いであろう追加メソッドが加えられる。

179

パイソニック

考え方やコード片のうち、他言語で一般的なコンセプトを使った実装よりも、Python言語でもっとも一般的であるイディオムによく従ったもの。たとえば、Pythonで一般的なイディオムとして、for文によって反復可能体のすべての要素にループをかけるというものがある。他の多くの言語にこのような言語構成要素は存在しないので、Pythonに慣れていない人は代わりにカウンタを使うことがある:

```python
for i in range(len(food)):
    print(food[i])
```

これはクリーンでパイソニックな以下の方法の代用品なのである:

```python
for piece in food:
    print(piece)
```

バイトコード

Pythonのソースコードは、CPythonインタープリタにおけるPythonプログラムの内部表現であるバイトコードにコンパイルされる。バイトコードは.pycファイルにキャッシュもされるので、同じファイルの実行は2度目から高速になる（ソースからバイトコードへの再コンパイルが回避できる）。この「中間言語」は、各バイトコードに対応したマシンコードを実行する仮想マシン（→）の上で走ると言える。バイトコードが別のPython仮想マシン（→）で動作することも、Pythonリリース間で不変であることも期待されていない、ということに留意してほしい。バイトコードの命令セットはdisモジュールのドキュメントにある。

バイト的オブジェクト

bufferobjects（→Python/C APIリファレンス「バッファ・プロトコル」参照[†13]）をサポートし、C連続（→）バッファをエクスポートするオブジェクト。bytes、bytearray、array.arrayといったオブジェクトのほか、多くの一般的なmemoryviewオブジェクトはこれにあたる。バイト的オブジェクトはバイナリデータにまつわるさまざまな操作、たとえば圧縮、バイナリファイルへの保存、ソケットを使った送信などに使うことができる。バイナリデータが可変体であることを必要とする操作もある。こうした場合、ドキュメントでは「リードライトのバイト的オブジェクト」と呼ばれていることが多い。可変体であるバッファーオブジェクトの例としては、bytearrayや、bytearrayのmemoryviewがある。また、バイナリデータが不変オブジェクトに格納されていることを必要とする操作もある。この「リードオンリーのバイト的オブジェクト」の例としては、bytesやbytesのmemoryviewがある。

バイナリファイル

ファイルオブジェクト（→）のうち、バイト的オブジェクト（→）の読み書きができるもの。バイナリファイルの例としては、バイナリモード（rb、wb、rb+）で開かれるファイル、sys.stdin.buffer、sys.stdout.buffer、さらにはio.BytesIOクラスやgzip.GzipFileクラスのインスタンスがある。strオブジェクトを読み書きできるファイルオブジェクトについてはテキストファイル（→）を参照。

パスエントリー

インポートパス（→）上の個々の場所で、パスベースファインダー（→）がインポートするモジュールを探す際に見るもの。

パスエントリーファインダー

あるパスエントリー（→）の中からモジュールを見つける方法を知っているファインダー（→）。sys.path_hook上のコーラブル（パスエントリーフック（→））が返す。パスエントリーファインダーが実装するメソッドについてはライブラリリファレンス「importlib.abc.PathEntryFinder」参照[†14]。

[†13] https://docs.python.org/ja/3/c-api/buffer.html#buffer-protocol
[†14] https://docs.python.org/ja/3/library/importlib.html#importlib.abc.PathEntryFinder

パスエントリーフック

sys.path_hook リストにあるコーラブル。あるパスエントリー（→）にある
モジュールを見つける方法を知っているとき、パスエントリーファインダー
（→）を返す。

パス的オブジェクト

ファイルシステムパスを表現するオブジェクト。パス的オブジェクトとは、パ
スを表現する str オブジェクトや bytes オブジェクト、および os.PathLike
クラスのプロトコルを実装したオブジェクトである。os.PathLike プロトコ
ルをサポートしたオブジェクトは、関数 os.fspath() のコールにより str ま
たは bytes のファイルシステムパスに変換できる。このとき str への変換を
保証する os.fsdecode() や bytes への変換を保証する os.fsencode() を使
用することもできる。PEP519 により導入された。

パスベースファインダー

デフォルトのメタパスファインダー（→）の1つで、1つのインポートパス（→）
からモジュール群を検索するもの。

パッケージ

Python モジュール（→）のうち、サブモジュールを包有できるもの。再帰的に
サブパッケージを包有するものもある。技術的には、__path__ 属性を持つモ
ジュールである。レギュラーパッケージ（→）および名前空間パッケージ（→）
参照。

ハッシュベース pyc

有効かどうかの判定に、元のソースファイルの最終更新日時ではなく、ハッ
シュを使うようにしたバイトコードキャッシュファイル。Python 言語リファ
レンス「キャッシュされたバイトコードの無効化」[†15]参照。

ハッシュ有効 （hashable）

その生存期間中絶対に変わらないハッシュ値を持ち（これには__hash__()
メソッドが必要）、かつ他のオブジェクトと比較が可能（__eq__()メソッド
が必要）であるとき、オブジェクトは「ハッシュ有効」である。比較すると等
しくなるハッシュ有効オブジェクト同士は、必ず同じハッシュ値を持ってい
る。ハッシュ有効であることは、オブジェクトをディクショナリのキーや集合
のメンバーとして使用可能にする。これらのデータ構造は内部でハッシュ値を
使っているからである。Pythonの不変型のビルトインオブジェクトのほとん
どはハッシュ有効である。可変コンテナ型（リストやディクショナリなど）に
ハッシュ有効のものは無い。不変コンテナ型（タプルや凍結集合 frozenset
など）は要素がハッシュ有効である場合にのみハッシュ有効である。ユーザー
定義クラスのインスタンスであるオブジェクトは、デフォルトでハッシュ有効
である。これらはどれも（自分自身と比較する場合を除いて）等しくなく、ま
たハッシュ値はその id() から得られる。

反復可能［体］（iterable）

要素を1つずつ返すことができるオブジェクト。反復可能体の例として、list、
str、tuple などシーケンス型のすべて、dict や file など非シーケンス型
の一部、さらにはシーケンスセマンティクスを実装する__iter__() または
__getitem__() メソッドを定義してあるユーザー定義クラスのすべてが挙げ
られる。反復可能体は for ループのほか、シーケンス型が要求される多くの場
面（zip()、map()...）で使うことができる。反復可能オブジェクトがビル
トイン関数 iter() の引数として渡されると、オブジェクトの反復子が返って
くる。この反復子は、まとめられている値を1つずつ渡すのに向いている。反
復可能体を使うのに、自分で iter() をコールしたり反復子オブジェクトを扱
う必要は普通ない。for 文が反復子をループの間だけ保持する一時的な無名変
数を生成し、これらを自動でやってくれるからである。
参照：→反復子、→シーケンス、→ジェネレータ

反復子（iterator）

データのストリームを表現するオブジェクト。反復子の__next__()メソッ
ドを繰り返しコールする（または反復子をビルトイン関数next()に渡す）こ
とにより、アイテムが次々に返される。データが尽きると StopIteration
例外が送出される。この時点で反復子オブジェクトは枯渇しており、以後
__next__()メソッドをコールしても StopIteration が出るだけだ。反復子
は、反復子オブジェクトそのものを返す__iter__()メソッドを持っていな
ければならない。つまりすべての反復子はまた反復可能体であり、反復可能体
が入る場所のほとんどに使うことができる。大事な例外は複数の反復経路を持
つコードだ。コンテナオブジェクト（リストなど）であれば、iter()関数に
渡されたりforループで使われるたびに新しい反復子を生成するようになって
いるが、反復子では前回の反復で使われて枯渇した反復子を返すだけなので、
空のコンテナであるかのように見えてしまうのだ。さらなる詳細についてはラ
イブラリリファレンスの「イテレータ型」を参照[†16]。

[実] 引数（argument）

関数（またはメソッド）のコール時に、その関数に渡される値。引数には2つ
の種類がある：

– **キーワード引数**：コール時に name= のように識別子を前置して渡される、
または ** を前置したディクショナリの値として渡される引数。たとえば
次のcomplex()の各コール時の引数3および5はすべてキーワード引数
である：

```
complex(real=3, imag=5)
complex(**{'real': 3, 'imag': 5})
```

– **位置引数**：キーワード引数でない引数。位置引数は引数リストの前方に置
く、または * を前置した反復可能体を置くことでその要素が渡される引
数である。たとえば次の各コール時の引数3および5はすべて位置引数で
ある：

```
complex(3, 5)
complex(*(3, 5))
```

† 16 https://docs.python.org/ja/3/library/stdtypes.html#iterator-types

— 引数は関数本体でローカル変数に代入される。この代入を支配する規則については言語リファレンスの「呼び出し（call）」の項を参照のこと[17]。文法的には、引数にはあらゆる式が使える。評価後の値がローカル変数に代入されるのだ。

参照：→［仮］引数（パラメータ）、FAQ「実引数と仮引数の違いは何ですか？」、PEP362

［仮］引数（パラメータ）

関数（またはメソッド）定義にある名前付きの何かのうち、関数が受け取ることができる引数（→）（1個で複数を指定する場合もある）を示すもの。仮引数には次の5つの種類がある：

— **位置またはキーワード**：位置引数（→）もキーワード引数（→）も渡せる1つの引数を示すもの。この種類が仮引数のデフォルトで、次の例におけるfooとbarがそれにあたる：

```
def func(foo, bar=None): ...
```

— **位置のみ**：位置引数としてのみ与えることができる引数を指定するもの。位置のみ仮引数は、関数定義の仮引数リストに列挙した上で/を後置することで定義できる。次の*posonly1*と*posonly2*は位置のみ仮引数である：

```
def func(posonly1, posonly2, /, positional_or_keyword): ...
```

— **キーワードのみ**：キーワード引数としてのみ与えることができる引数を指定するもの。キーワードのみ仮引数は、次の例のkw_only1やkw_only2のように、関数定義の仮引数リストで「変数-位置」の仮引数や裸の*を先行させることで定義できる：

```
def func(arg, *, kw_only1, kw_only2): ...
```

---

[17] https://docs.python.org/ja/3/reference/expressions.html#calls

- **不定数-位置**：長さ自由の位置引数のつらなりを与えられることを指定するもの（先行する仮引数により他の位置引数を受け取ったあと使用可能である）。この仮引数は次の例の*argsのように、引数名の前に*を付けることで定義することができる：

  ```
  def func(*args, **kwargs): ...
  ```

- **不定数-キーワード**：任意の数のキーワード引数を与えることができるということを指定するもの（先行する仮引数により他のキーワード引数を受け取った上で使える）。この仮引数は上の例の**kwargs のように、引数名の前に**を付けることで定義できる:

仮引数には必須引数とオプション引数、さらにはオプション引数のデフォルト値も同時に指定できる。

参照：→［実］引数、FAQ「実引数と仮引数の違いは何ですか？」、inspect.Parameter クラスの解説、PEP362

非同期コンテキストマネージャ

async with 文にまつわる環境をメソッド__aenter__() および__aexit__() を定義することによりコントロールするもの。PEP492 により導入された。

非同期ジェネレータ

非同期ジェネレータ反復子（→）を返す関数。これは async def により定義されるコルーチンに似ているが、async for ループ中で使用できる一連の値を生成する yield 式を含む、という違いがある。この語はふつうは非同期ジェネレータ関数を指すが、文脈によっては非同期ジェネレータ反復子（→）のことかもしれない。意味が本当には明瞭でないときは、完全な用語のほうを使うと曖昧さを避けられる。非同期ジェネレータ関数は、async for 文や async with 文のほか、await 式を持つことがある。

非同期ジェネレータ反復子

非同期ジェネレータ（→）関数により生成されるオブジェクト。非同期反復子（asynchronous iterator）の1つ。__anext__メソッドを使って呼び出されたときに待機可能体（→）オブジェクトを返す。この待機可能体オブジェクトは、ジェネレータ関数の本体をyield式のところまで実行する。yieldがあれば、その位置での実行状態（ローカル変数と未解決のトライ文を含む）を覚えておいて処理を一時停止する。非同期ジェネレータ反復子は、他の__anext__により返された待機可能体により再開すると、停止したところから実行を再開する。
参照：PEP 492、PEP 525

非同期反復可能［体］(asynchronous iterable)

async for文で使うことができるオブジェクト。これは__aiter__メソッドにより非同期反復子を返さなければならない。PEP492により導入された。

非同期反復子 (asynchronous iterator)

__aiter__メソッドと__anext__メソッドを実装したオブジェクト。__anext__は待機可能体オブジェクトを返さなければならない。async forは非同期反復子の__anext__メソッドにより返された待機可能体を処理し、StopAsyncIteration例外が送出されると終了する。PEP492により導入された。

ファイルオブジェクト

持っているリソースについてファイル指向のAPIでアクセスさせる（read()メソッドやwrite()メソッドを持つなど）オブジェクト。生成の方法によるが、ファイルオブジェクトはディスクの上の実際のファイル、他のストレージ、コミュニケーションデバイス（標準入出力、メモリ上のバッファ、ソケット、パイプといったもの）へのアクセスを仲介する。ファイルオブジェクトは「ファイル的オブジェクト」や「ストリーム」とも呼ばれる。ファイルオブジェクトには実質的に3つのカテゴリーがある。生の（raw）バイナリファイル（→）、バッファ入りバイナリファイル、テキストファイル（→）である。これらのインターフェイスはioモジュールで定義されている。ファイルオブジェクトを生成する正式な方法はopen()関数を使ったものである。

ファイル的オブジェクト

　ファイルオブジェクト（→）の同義語。

ファインダー

　インポートされようとしているモジュールのローダー（→）を見つけようとするもの。Python3.3以降では、`sys.meta_path`で使うメタパスファインダーと、`sys.path_hooks`で使うパスエントリーファインダーという、2つのタイプのファインダーが存在する。細部に渡る解説はPEP302、PEP420、PEP451を参照。

複素数

　慣れ親しんだ実数体を拡張し、すべての数を実部と虚部の和として表現するようにした数体系。虚部とは虚数単位（−1の平方根。数学ではi、工学ではjと書くことが多い）を実数倍したものである。Pythonは複素数をビルトインでサポートする。表記は`3+1j`のように、接尾辞`j`を付加して虚部を示す記法を使う。`cmath`モジュールは`math`モジュールの複素数版である。複素数はそれなりに高度な数学で使われるものだ。必要性を意識してる人以外は、まず無視して構わない。

不変体（immutable）

　1個の固定値を持つオブジェクト。不変オブジェクトには数、文字列、タプルがある。これらのオブジェクトは変更ができない。別の値を格納したいときは新しいオブジェクトを生成せねばならない。不変体は定数ハッシュ値が必要な場所、たとえばディクショナリのキーとして重要な役目を果たしている。

フロア除算

　もっとも近い整数に切り下げる数学的除算。フロア除算の演算子は`//`である。たとえば、`11//4`という式は（浮動小数点除算では2.75が返るのに対して）2と評価される。`(-11) // 4`では-3となることに注意。これは切り「下げ」であるためだ。

　参照：PEP 238

文（statement）

文はスイート（コードの「ブロック」）の一部をなす。文は1個の式（→）で
もよいし、if、while、forといったキーワードを含んだ1個の構成要素でも
よい。

変数注釈

変数やクラス属性の注釈（→）。変数やクラス属性への注釈付けでは代入は必
須ではない：

```
class C:
    field: 'annotation'
```

変数注釈は型ヒント（→）のために使われるのが通例である。たとえば次の変
数は整数int値を取ることを求めている：

```
count: int = 0
```

変数注釈の文法の解説はPython言語リファレンス「注釈付き代入文（annotated
assignment statements）」[18]にある。
参照: → 関数注釈、PEP484、PEP526

ポーション（分与体）

1つのディレクトリにあるファイルの集合（zipファイルに格納されていてもよ
い）で、PEP 420で定義された名前空間パッケージの一部となるもの。

マジックメソッド

特殊メソッド（→）のくだけた同義語。

マッピング

任意キーのルックアップと抽象ベースクラス Mapping または Mutable
Mappingで指定されたメソッドを実装しているコンテナオブジェクト。例と
してはdict、collections.defaultdict、collections.OrderedDict、
collections.Counterがあげられる。

[18] https://docs.python.org/ja/3/reference/simple_stmts.html#annotated-assignment-statements

メソッド

クラス本体の中で定義されている関数。メソッドがクラスインスタンスの属性としてコールされると、その第1引数（→）としてインスタンスオブジェクトが与えられる（これは通常 self と呼ばれる）。

参照：→関数、→入れ子のスコープ

メソッド解決順

メソッド解決順とは、メンバーのルックアップの際にどのベースクラスから検索していくかという順序のことである。Python 2.3 リリース以降のインタープリタで使用されているアルゴリズムの詳細については Python 2.3 Method Resolution Order（https://www.python.org/download/releases/2.3/mro/）参照。

メタクラス

クラスのクラス。クラス定義はクラス名、クラスディクショナリ、基底クラスリストを生成する。メタクラスとは、この3つの引数を取ってクラスを生成するものである。オブジェクト指向言語のほとんどではデフォルトの実装がある。Python が特別なのは、カスタムメタクラスの生成が可能なことにある。ほとんどのユーザーには不要なものだが、ひとたび必要となれば、メタクラスは強力でエレガントな解を導く。属性アクセスのログ取り、スレッドセーフ性の付与、オブジェクト生成の追跡、シングルトンの実装その他、数々の用途がある。さらなる詳細については Python 言語リファレンス「クラス生成をカスタマイズする」[19]を参照のこと。

メタパスファインダー

sys.meta_path の検索により返されるファインダー（→）。メタパスファインダーはパスエントリーファインダー（→）と関連しているが異なるものである。メタパスファインダーが実装するメソッドについてはライブラリリファレンス「importlib.abc.MetaPathFinder」[20]参照。

---

[19] https://docs.python.org/ja/3/reference/datamodel.html#customizing-class-creation
[20] https://docs.python.org/ja/3/library/importlib.html#importlib.abc.MetaPathFinder

モジュール

Pythonコードの組織単位となるオブジェクト。モジュールは任意のPythonオブジェクトを包有した名前空間を持っている。モジュールはインポーティング（→）の過程を通じてPythonにロードされる。

参照：→パッケージ

モジュール・スペック

モジュールのロードに使われるインポートまわりの情報を含んだ名前空間。`importlib.machinery.ModuleSpec`クラスのインスタンス。

参照：→モジュール

ユニバーサル改行

テキストストリームの解釈の作法で、Unixの\n、Windowsの\r\n、昔のMacintoshの\rのすべてを行末と認識するもの。

参照：PEP 278、PEP 3116。もう1つの使用法については`bytes.splitlines()`を参照。

リスト

ビルトインのPythonシーケンス（→）。その名前に関わらず、要素へのアクセスが0(1)であることから、他の言語における連結リストよりは配列（アレイ）に近い。

リスト内包

シーケンス要素のすべてまたは一部を処理して結果をリストで返すコンパクトな方法。`{result = ['{:#04x}'.format(x) for x in range(256) if x % 2 == 0]}`は、0から255までの16進数の偶数による文字列（0x..）のリストを返す。if節はオプションである。この場合、省略すると`range(256)`の要素がすべて処理される。

レギュラーパッケージ

従来型のパッケージ。`__init__.py`ファイルを含んだディレクトリなど。

参照：→名前空間パッケージ

連続（contiguous）

バッファは完全に「C連続」または「Fortran連続」である場合にのみ連続であるとみなされる。ゼロ次元バッファはC連続かつFortran連続である。1次元の配列では、アイテム同士がメモリ内で隣り合わせに、ゼロ始まりのインデックスの昇順に配置されている必要がある。多次元のC連続配列では、メモリアドレスの順でアイテムを訪れていったとき、最終インデックスの数字がもっとも速く変化する。（3x3なら[0,0]→[0,1]→[0,2]→[1,0]→…→[2, 2]）これに対してFortran連続配列では、第1インデックスの数字がもっとも速く変化する。（[0,0]→[1,0]→[2,0]→[0,1]→...→[2,2]）。

ローダー

モジュールをロードするオブジェクト。load_module()という名のメソッドが定義されている必要がある。典型的にはローダーはファインダー（→）により返される。詳細については PEP 302 を、抽象ベースクラスの例はimportlib.abc.Loaderを参照[21]。

---

[21] https://docs.python.org/ja/3/library/importlib.html#importlib.abc.Loader

付録B
Pythonの
ドキュメント群について

これらの文書は reStructuredText ソースをもとに、Python ドキュメント向けに書かれたドキュメントプロセッサ Sphinx により生成されている。

文書とそのツールチェーンの開発は Python 本体同様に完全にボランティアでおこなわれている。貢献したい方は、ぜひ「Dealing with Bugs[†1]」ページにある参加方法の情報をご覧いただきたい。新しいボランティアをいつでも歓迎しています。

以下の人々に多大な感謝を：

- 最初の Python ドキュメンテーションツールセットの作者で内容の多くを執筆した Fred L. Drake, Jr. に。
- Docutils プロジェクトに。それは reStructuredText と Docutils スイーツを創造した。
- Fredrik Lundh に。その Alternative Python Reference プロジェクトから Sphinx は多くの優れたアイディアを得た。

B.1　Python ドキュメンテーションへの貢献者

Python 言語、標準ライブラリ、Python ドキュメントにはこれまで多くの人々が貢献してきた。一部ではあるが貢献者のリストは Python のソースディストリビューションの Misc/ACKS ディレクトリにある。

Python コミュニティからのインプットと貢献があってはじめて、Python はこれほどまでに素晴らしいドキュメンテーションを得られた——ありがとう！

---

†1　https://docs.python.org/3/bugs.html#dealing-with-bugs

付録C
歴史とライセンス

C.1 このソフトウェアの歴史

Pythonは1990年代初頭に、オランダのStichting Mathematisch Centrum（CWI。https://www.cwi.nl/）に居たGuido van Rossumにより、ABCという言語の後継として創造された。現在Pythonには他者からのコントリビューションが数多く含まれるが、第一著者は依然としてGuidoである。

Guidoは1995年からヴァージニア州レストンにあるCorporation for National Research Initiatives（CNRI。https://www.cnri.reston.va.us/）でPythonの作業を続け、ここでいくつかのバージョンをリリースした。

2000年、GuidoとPythonコア開発チームはBeOpen.comに移り、BeOpen PythonLabsチームを結成した。同年10月、PythonLabsチームはDigital Creation（現在はZope Corporation。https://www.zope.org/参照）に移った。2001年、Python Software Foundation（PSF。https://www.python.org/psf/）が組織される。これはPython関連の知的所有権を所有するために作られたNPO団体である。Zope CorporationはPSFの後援会員である。

PythonのリリースはすべてOpen Sourceである（大文字に注意。Open Source Definition〔オープンソースの定義〕についてはhttps://opensource.org/）。歴史的には、ほとんどのPythonリリースはGPLコンパチブルだが、すべてがそうではない。各リリースについては次の表にまとめた。

リリース	ベース	年	所有者	GPLコンパチブル？
0.9.0から1.2	n/a	1991-1995	CWI	yes
1.3から1.5.2	1.2	1995-1999	CNRI	yes
1.6	1.5.2	2000	CNRI	no
2.0	1.6	2000	BeOpen.com	no
1.6.1	1.6	2001	CNRI	no
2.1	2.0+1.6.1	2001	PSF	no
2.0.1	2.0+1.6.1	2001	PSF	yes
2.1.1	2.1+2.0.1	2001	PSF	yes
2.1.2	2.1.1	2002	PSF	yes
2.1.3	2.1.2	2002	PSF	yes
2.2以降	2.1.1	2001-現在	PSF	yes

 「GPLコンパチブル」とは、我々がPythonをGPLで配布するという意味では
ない。Pythonは全ライセンスにおいて、改変部分をオープンソースとしない
改変版の配布を認めているが、これはGPLとは異なる。GPLコンパチブルな
ライセンスとは、PythonをGPLでリリースされたソフトウェアと組み合わせ
ることを可能にするものである。コンパチブルでないライセンスでは不可能と
いうことだ。

　Guidoの指揮のもと作業を行い、これらのリリースを可能にしてくれた数多くの外
部ボランティアに感謝する。

C.2 Pythonへのアクセスその他の使用における条件 (Terms and conditions for accessing or otherwise using Python)

　PythonのソフトウェアとドキュメントはPSF License Agreementの元で許諾され
ている。

　Python 3.8.6以後、ドキュメント内の例、レシピその他のコードはPSF License
AgreementとZero-Clause BSDライセンスの二重ライセンスとなっている。

　Pythonに含有される取り込まれたソフトウエアの一部は異なるライセンスの下に
ある。こうしたライセンスを当該のコードとともに列挙する。これらのライセンスの
不完全なリストについては「含有されるソフトウェアについてのライセンスおよび承

認書 (Licenses and Acknowledgements for Incorporated Software)」参照[†1]。

PSF LICENSE AGREEMENT FOR PYTHON 3.9.0

1. This LICENSE AGREEMENT is between the Python Software Foundation ("PSF"), and the Individual or Organization ("Licensee") accessing and otherwise using Python 3.9.0 software in source or binary form and its associated documentation.

2. Subject to the terms and conditions of this License Agreement, PSF hereby grants Licensee a nonexclusive, royalty-free, world-wide license to reproduce, analyze, test, perform and/or display publicly, prepare derivative works, distribute, and otherwise use the Software alone or in any version, provided, however, that PSF's License Agreement and PSF's notice of copyright, i.e., "Copyright © 2001-2020 Python Software Foundation; All Rights Reserved" are retained in Python 3.9.0 alone or in any derivative version prepared by Licensee.

3. In the event Licensee prepares a derivative work that is based on or incorporates Python 3.9.0 or any part thereof, and wants to make the derivative work available to others as provided herein, then Licensee hereby agrees to include in any such work a brief summary of the changes made to Python 3.9.0.

4. PSF is making Python 3.9.0 available to Licensee on an "AS IS" basis. PSF MAKES NO REPRESENTATIONS OR WARRANTIES, EXPRESS OR IMPLIED. BY WAY OF EXAMPLE, BUT NOT LIMITATION, PSF MAKES NO AND DISCLAIMS ANY REPRESENTATION OR WARRANTY OF MERCHANTABILITY OR ITNESS FOR ANY PARTICULAR PURPOSE OR THAT THE USE OF PYTHON 3.9.0 WILL NOT INFRINGE ANY THIRD PARTY RIGHTS.

5. PSF SHALL NOT BE LIABLE TO LICENSEE OR ANY OTHER USERS OF PYTHON 3.9.0 FOR ANY INCIDENTAL, SPECIAL, OR CONSEQUENTIAL DAMAGES OR LOSS AS A RESULT OF MODIFYING, DISTRIBUTING, OR OTHERWISE USING PYTHON 3.9.0, OR ANY DERIVATIVE THEREOF, EVEN IF ADVISED OF THE POSSIBILITY THEREOF.

6. This License Agreement will automatically terminate upon a material breach of its terms and conditions.

7. Nothing in this License Agreement shall be deemed to create any relationship of agency, partnership, or joint venture between PSF and Licensee. This License Agreement does not grant permission to use PSF trademarks or trade name in a trademark sense to endorse or promote products or services of Licensee, or any third party.

8. By copying, installing or otherwise using Python 3.9.0, Licensee agrees to be bound by the terms and conditions of this License Agreement.

BEOPEN.COM LICENSE AGREEMENT FOR PYTHON 2.0

†1　https://docs.python.org/ja/3/license.html#licenses-and-acknowledgements-for-incorporated-software

BEOPEN PYTHON OPEN SOURCE LICENSE AGREEMENT VERSION 1

1. This LICENSE AGREEMENT is between BeOpen.com ("BeOpen"), having an office at 160Saratoga Avenue, Santa Clara, CA 95051, and the Individual or Organization ("Licensee") accessing and otherwise using this software in source or binary form and its associated documentation ("the Software").
2. Subject to the terms and conditions of this BeOpen Python License Agreement, BeOpen hereby grants Licensee a non-exclusive, royalty-free, world-wide license to reproduce, analyze, test, perform and/or display publicly, prepare derivative works, distribute, and otherwise use the Software alone or in any derivative version, provided, however, that the BeOpen Python License is retained in the Software, alone or in any derivative version prepared by Licensee.
3. BeOpen is making the Software available to Licensee on an "AS IS" basis. BEOPEN MAKES NO REPRESENTATIONS OR WARRANTIES, EXPRESS OR IMPLIED. BY WAY OF EXAMPLE, BUT NOT LIMITATION, BEOPEN MAKES NO AND DISCLAIMS ANY REPRESENTATION OR WARRANTY OF MERCHANTABILITY OR FITNESS FOR ANY PARTICULAR PURPOSE OR THAT THE USE OF THE SOFTWARE WILL NOT INFRINGE ANY THIRD PARTY RIGHTS.
4. BEOPEN SHALL NOT BE LIABLE TO LICENSEE OR ANY OTHER USERS OF THE SOFTWARE FOR ANY INCIDENTAL, SPECIAL, OR CONSEQUENTIAL DAMAGES OR LOSS AS A RESULT OF USING, MODIFYING OR DISTRIBUTING THE SOFTWARE, OR ANY DERIVATIVE THEREOF, EVEN IF ADVISED OF THE POSSIBILITY THEREOF.
5. This License Agreement will automatically terminate upon a material breach of its terms and conditions.
6. This License Agreement shall be governed by and interpreted in all respects by the law of the State of California, excluding conflict of law provisions. Nothing in this License Agreement shall be deemed to create any relationship of agency, partnership, or joint venture between BeOpen and Licensee. This License Agreement does not grant permission to use BeOpen trademarks or trade names in a trademark sense to endorse or promote products or services of Licensee, or any third party. As an exception, the "BeOpen Python" logos available at http://www.pythonlabs.com/logos.html may be used according to the permissions granted on that web page.
7. By copying, installing or otherwise using the software, Licensee agrees to be bound by the terms and conditions of this License Agreement.

CNRI LICENSE AGREEMENT FOR PYTHON 1.6.1

1. This LICENSE AGREEMENT is between the Corporation for National Research Initiatives, having an office at 1895 Preston White Drive, Reston, VA 20191 ("CNRI"), and the Individual or Organization ("Licensee") accessing and otherwise using Python 1.6.1 software in source or binary form and its associated documentation.
2. Subject to the terms and conditions of this License Agreement, CNRI

hereby grants Licensee a nonexclusive, royalty-free, world-wide
license to reproduce, analyze, test, perform and/or display publicly,
prepare derivative works, distribute, and otherwise use Python 1.6.1
alone or in any derivative version, provided, however, that CNRI's
License Agreement and CNRI's notice of copyright, i.e., "Copyright
© 1995-2001 Corporation for National Research Initiatives; All Rights
Reserved" are retained in Python 1.6.1 alone or in any derivative
version prepared by Licensee. Alternately, in lieu of CNRI's License
Agreement, Licensee may substitute the following text (omitting the
quotes): "Python 1.6.1 is made available subject to the terms and
conditions in CNRI's License Agreement. This Agreement together with
Python 1.6.1 may be located on the Internet using the following unique,
persistent identifier (known as a handle): 1895.22/1013. This
Agreement may also be obtained from a proxy server on the Internet
using the following URL: http://hdl.handle.net/1895.22/1013."

3. In the event Licensee prepares a derivative work that is based on or
   incorporates Python 1.6.1 or any part thereof, and wants to make the
   derivative work available to others as provided herein, then Licensee
   hereby agrees to include in any such work a brief summary of the
   changes made to Python 1.6.1.

4. CNRI is making Python 1.6.1 available to Licensee on an "AS IS" basis.
   CNRI MAKES NO REPRESENTATIONS OR WARRANTIES, EXPRESS OR IMPLIED. BY WAY
   OF EXAMPLE, BUT NOT LIMITATION, CNRI MAKES NO AND DISCLAIMS ANY
   REPRESENTATION OR WARRANTY OF MERCHANTABILITY OR FITNESS FOR ANY
   PARTICULAR PURPOSE OR THAT THE USE OF PYTHON 1.6.1 WILL NOT INFRINGE ANY
   THIRD PARTY RIGHTS.

5. CNRI SHALL NOT BE LIABLE TO LICENSEE OR ANY OTHER USERS OF PYTHON 1.6.1
   FOR ANY INCIDENTAL, SPECIAL, OR CONSEQUENTIAL DAMAGES OR LOSS AS A
   RESULT OF MODIFYING, DISTRIBUTING, OR OTHERWISE USING PYTHON 1.6.1,
   OR ANY DERIVATIVE THEREOF, EVEN IF ADVISED OF THE POSSIBILITY THEREOF.

6. This License Agreement will automatically terminate upon a material
   breach of its terms and conditions.

7. This License Agreement shall be governed by the federal intellectual
   property law of the United States, including without limitation the
   federal copyright law, and, to the extent such U.S. federal law does
   not apply, by the law of the Commonwealth of Virginia, excluding
   Virginia's conflict of law provisions. Notwithstanding the foregoing,
   with regard to derivative works based on Python 1.6.1 that
   incorporate non-separable material that was previously distributed
   under the GNU General Public License (GPL), the law of the
   Commonwealth of Virginia shall govern this License Agreement only as
   to issues arising under or with respect to Paragraphs 4, 5, and 7 of
   this License Agreement. Nothing in this License Agreement shall be
   deemed to create any relationship of agency, partnership, or joint
   venture between CNRI and Licensee. This License Agreement does not
   grant permission to use CNRI trademarks or trade name in a trademark
   sense to endorse or promote products or services of Licensee, or any
   third party.

8. By clicking on the "ACCEPT" button where indicated, or by copying,

installing or otherwise using Python 1.6.1, Licensee agrees to be
bound by the terms and conditions of this License Agreement.

CWI LICENSE AGREEMENT FOR PYTHON 0.9.0 THROUGH 1.2

Copyright © 1991 - 1995, Stichting Mathematisch Centrum Amsterdam, The Ne
therlands. All rights reserved.

Permission to use, copy, modify, and distribute this software and its docu
mentation for any purpose and without fee is hereby granted, provided that
 the above copyright notice appear in all copies and that both that copyri
ght notice and this permission notice appear in supporting documentation,
and that the name of Stichting Mathematisch Centrum or CWI not be used in
advertising or publicity pertaining to distribution of the software withou
t specific, written prior permission.

STICHTING MATHEMATISCH CENTRUM DISCLAIMS ALL WARRANTIES WITH REGARD TO THI
S SOFTWARE, INCLUDING ALL IMPLIED WARRANTIES OF MERCHANTABILITY AND FITNES
S, IN NO EVENT SHALL STICHTING MATHEMATISCH CENTRUM BE LIABLE FOR ANY SPEC
IAL, INDIRECT OR CONSEQUENTIAL DAMAGES OR ANY DAMAGES WHATSOEVER RESULTING
 FROM LOSS OF USE, DATA OR PROFITS, WHETHER IN AN ACTION OF CONTRACT, NEGL
IGENCE OR OTHER TORTIOUS ACTION, ARISING OUT OF OR IN CONNECTION WITH THE
USE OR PERFORMANCE OF THIS SOFTWARE.

ZERO-CLAUSE BSD LICENSE FOR CODE IN THE PYTHON 3.9.0 DOCUMENTATION

Permission to use, copy, modify, and/or distribute this software for any p
urpose with or without fee is hereby granted.

THE SOFTWARE IS PROVIDED "AS IS" AND THE AUTHOR DISCLAIMS ALL WARRANTIES W
ITH REGARD TO THIS SOFTWARE INCLUDING ALL IMPLIED WARRANTIES OF MERCHANTAB
ILITY AND FITNESS. IN NO EVENT SHALL THE AUTHOR BE LIABLE FOR ANY SPECIAL,
 DIRECT, INDIRECT, OR CONSEQUENTIAL DAMAGES OR ANY DAMAGES WHATSOEVER RESU
LTING FROM LOSS OF USE, DATA OR PROFITS, WHETHER IN AN ACTION OF CONTRACT,
 NEGLIGENCE OR OTHER TORTIOUS ACTION, ARISING OUT OF OR IN CONNECTION WITH
THE USE OR PERFORMANCE OF THIS SOFTWARE.

C.3　含有されるソフトウェアについてのライセンスおよび承認書（Licenses and Acknowledgements for Incorporated Software）

この項はPythonディストリビューションに含まれる第三者のソフトウェアについ
てのライセンスおよび承認書の、長くなりつつはあるが不完全なリストである。

C.3.1 Mersenne Twister

_random モジュールは http://www.math.sci.hiroshima-u.ac.jp/~m-mat/MT/ MT2002/emt19937ar.html からダウンロードしたものに基づくコードを含む。以下はオリジナルコードにあるままのコメントである：

```
A C-program for MT19937, with initialization improved 2002/1/26.
Coded by Takuji Nishimura and Makoto Matsumoto.

Before using, initialize the state by using init_genrand(seed) or
init_by_array(init_key, key_length).

Copyright (C) 1997 - 2002, Makoto Matsumoto and Takuji Nishimura, All
rights reserved.

Redistribution and use in source and binary forms, with or without
modification, are permitted provided that the following conditions
are met:

1. Redistributions of source code must retain the above copyright
   notice, this list of conditions and the following disclaimer.
2. Redistributions in binary form must reproduce the above copyright
   notice, this list of conditions and the following disclaimer in
   the documentation and/or other materials provided with the
   distribution.
3. The names of its contributors may not be used to endorse or promote
   products derived from this software without specific prior written
   permission.

THIS SOFTWARE IS PROVIDED BY THE COPYRIGHT HOLDERS AND CONTRIBUTORS "AS
IS" AND ANY EXPRESS OR IMPLIED WARRANTIES, INCLUDING, BUT NOT LIMITED
TO, THE IMPLIED WARRANTIES OF MERCHANTABILITY AND FITNESS FOR A
PARTICULAR PURPOSE ARE DISCLAIMED.  IN NO EVENT SHALL THE COPYRIGHT
OWNER OR CONTRIBUTORS BE LIABLE FOR ANY DIRECT, INDIRECT, INCIDENTAL,
SPECIAL, EXEMPLARY, OR CONSEQUENTIAL DAMAGES (INCLUDING, BUT NOT LIMITED
TO, PROCUREMENT OF SUBSTITUTE GOODS OR SERVICES; LOSS OF USE, DATA, OR
PROFITS; OR BUSINESS INTERRUPTION) HOWEVER CAUSED AND ON ANY THEORY OF
LIABILITY, WHETHER IN CONTRACT, STRICT LIABILITY, OR TORT (INCLUDING
NEGLIGENCE OR OTHERWISE) ARISING IN ANY WAY OUT OF THE USE OF THIS
SOFTWARE, EVEN IF ADVISED OF THE POSSIBILITY OF SUCH DAMAGE.

Any feedback is very welcome.
http://www.math.sci.hiroshima-u.ac.jp/~m-mat/MT/emt.html
email: m-mat @ math.sci.hiroshima-u.ac.jp (remove space)
```

C.3.2　ソケット

socketモジュールが使用する関数、getaddrinfoおよびgetnameinfoは、WIDE
プロジェクト（http://www.wide.ad.jp/）の別々のソースファイルにコーディングさ
れていたものである。

```
Copyright (C) 1995, 1996, 1997, and 1998 WIDE Project.
All rights reserved.

Redistribution and use in source and binary forms, with or without
modification, are permitted provided that the following conditions are
met:

1. Redistributions of source code must retain the above copyright
   notice, this list of conditions and the following disclaimer.
2. Redistributions in binary form must reproduce the above copyright
   notice, this list of conditions and the following disclaimer in
   the documentation and/or other materials provided with the
   distribution.
3. Neither the name of the project nor the names of its contributors may
   be used to endorse or promote products derived from this software
   without specific prior written permission.

THIS SOFTWARE IS PROVIDED BY THE PROJECT AND CONTRIBUTORS ``AS IS'' AND
ANY EXPRESS OR IMPLIED WARRANTIES, INCLUDING, BUT NOT LIMITED TO, THE
IMPLIED WARRANTIES OF MERCHANTABILITY AND FITNESS FOR A PARTICULAR
PURPOSE ARE DISCLAIMED.  IN NO EVENT SHALL THE PROJECT OR CONTRIBUTORS
BE LIABLE FOR ANY DIRECT, INDIRECT, INCIDENTAL, SPECIAL, EXEMPLARY, OR
CONSEQUENTIAL DAMAGES (INCLUDING, BUT NOT LIMITED TO, PROCUREMENT OF
SUBSTITUTE GOODS OR SERVICES; LOSS OF USE, DATA, OR PROFITS; OR BUSINESS
INTERRUPTION) HOWEVER CAUSED AND ON ANY THEORY OF LIABILITY, WHETHER IN
CONTRACT, STRICT LIABILITY, OR TORT (INCLUDING NEGLIGENCE OR OTHERWISE)
ARISING IN ANY WAY OUT OF THE USE OF THIS SOFTWARE, EVEN IF ADVISED OF
THE POSSIBILITY OF SUCH DAMAGE.
```

C.3.3　非同期ソケットサービス

asynchatおよびasincoreモジュールには以下の掲示がある：

```
Copyright 1996 by Sam Rushing

                        All Rights Reserved

Permission to use, copy, modify, and distribute this software and its
documentation for any purpose and without fee is hereby granted,
provided that the above copyright notice appear in all copies and that
both that copyright notice and this permission notice appear in
supporting documentation, and that the name of Sam Rushing not be used
in advertising or publicity pertaining to distribution of the software
```

without specific, written prior permission.

C.3.4 クッキー管理

`http.cookies` モジュールには以下の掲示がある：

C.3.5 実行トレース

`trace` モジュールには以下の掲示がある：

Copyright 1999, Bioreason, Inc., all rights reserved.
Author: Andrew Dalke

Copyright 1995-1997, Automatrix, Inc., all rights reserved.
Author: Skip Montanaro

Copyright 1991-1995, Stichting Mathematisch Centrum, all rights
reserved.

Permission to use, copy, modify, and distribute this Python software and
its associated documentation for any purpose without fee is hereby
granted, provided that the above copyright notice appears in all copies,
and that both that copyright notice and this permission notice appear in
supporting documentation, and that the name of neither Automatrix,
Bioreason or Mojam Media be used in advertising or publicity pertaining
to distribution of the software without specific, written prior
permission.

C.3.6　UUencodeおよびUUdecode関数

uuモジュールには以下の掲示がある：

Copyright 1994 by Lance Ellinghouse
Cathedral City, California Republic, United States of America.
                  All Rights Reserved
Permission to use, copy, modify, and distribute this software and its
documentation for any purpose and without fee is hereby granted,
provided that the above copyright notice appear in all copies and that
both that copyright notice and this permission notice appear in
supporting documentation, and that the name of Lance Ellinghouse not be
used in advertising or publicity pertaining to distribution of the
software without specific, written prior permission. LANCE ELLINGHOUSE
DISCLAIMS ALL WARRANTIES WITH REGARD TO THIS SOFTWARE, INCLUDING ALL
IMPLIED WARRANTIES OF MERCHANTABILITY AND FITNESS, IN NO EVENT SHALL
LANCE ELLINGHOUSE CENTRUM BE LIABLE FOR ANY SPECIAL, INDIRECT OR
CONSEQUENTIAL DAMAGES OR ANY DAMAGES WHATSOEVER RESULTING FROM LOSS OF
USE, DATA OR PROFITS, WHETHER IN AN ACTION OF CONTRACT, NEGLIGENCE OR
OTHER TORTIOUS ACTION, ARISING OUT OF OR IN CONNECTION WITH THE USE OR
PERFORMANCE OF THIS SOFTWARE.

Modified by Jack Jansen, CWI, July 1995:
- Use binascii module to do the actual line-by-line conversion between
  ascii and binary. This results in a 1000-fold speedup. The C version
  is still 5 times faster, though.
- Arguments more compliant with Python standard

C.3.7 XMLリモートプロシジャーコール

xmlrpc.clientモジュールには以下の掲示がある：

The XML-RPC client interface is

Copyright (c) 1999-2002 by Secret Labs AB
Copyright (c) 1999-2002 by Fredrik Lundh

By obtaining, using, and/or copying this software and/or its associated
documentation, you agree that you have read, understood, and will comply
with the following terms and conditions:

Permission to use, copy, modify, and distribute this software and its
associated documentation for any purpose and without fee is hereby
granted, provided that the above copyright notice appears in all copies,
and that both that copyright notice and this permission notice appear in
supporting documentation, and that the name of Secret Labs AB or the
author not be used in advertising or publicity pertaining to
distribution of the software without specific, written prior permission.

SECRET LABS AB AND THE AUTHOR DISCLAIMS ALL WARRANTIES WITH REGARD TO
THIS SOFTWARE, INCLUDING ALL IMPLIED WARRANTIES OF MERCHANT-ABILITY AND
FITNESS. IN NO EVENT SHALL SECRET LABS AB OR THE AUTHOR BE LIABLE FOR
ANY SPECIAL, INDIRECT OR CONSEQUENTIAL DAMAGES OR ANY DAMAGES WHATSOEVER
RESULTING FROM LOSS OF USE, DATA OR PROFITS, WHETHER IN AN ACTION OF
CONTRACT, NEGLIGENCE OR OTHER TORTIOUS ACTION, ARISING OUT OF OR IN
CONNECTION WITH THE USE OR PERFORMANCE OF THIS SOFTWARE.

C.3.8 test_epoll

test_epollモジュールには以下の掲示がある：

Copyright (c) 2001-2006 Twisted Matrix Laboratories.

Permission is hereby granted, free of charge, to any person obtaining a
copy of this software and associated documentation files (the
"Software"), to deal in the Software without restriction, including
without limitation the rights to use, copy, modify, merge, publish,
distribute, sublicense, and/or sell copies of the Software, and to
permit persons to whom the Software is furnished to do so, subject to
the following conditions:

The above copyright notice and this permission notice shall be included
in all copies or substantial portions of the Software.

THE SOFTWARE IS PROVIDED "AS IS", WITHOUT WARRANTY OF ANY KIND, EXPRESS
OR IMPLIED, INCLUDING BUT NOT LIMITED TO THE WARRANTIES OF

MERCHANTABILITY, FITNESS FOR A PARTICULAR PURPOSE AND NONINFRINGEMENT.
IN NO EVENT SHALL THE AUTHORS OR COPYRIGHT HOLDERS BE LIABLE FOR ANY
CLAIM, DAMAGES OR OTHER LIABILITY, WHETHER IN AN ACTION OF CONTRACT,
TORT OR OTHERWISE, ARISING FROM, OUT OF OR IN CONNECTION WITH THE
SOFTWARE OR THE USE OR OTHER DEALINGS IN THE SOFTWARE.

C.3.9　Select kqueue

selectモジュールにはkqueueインターフェイスについて以下の掲示がある：

Copyright (c) 2000 Doug White, 2006 James Knight, 2007 Christian Heimes
All rights reserved.

Redistribution and use in source and binary forms, with or without
modification, are permitted provided that the following conditions are
met:

1. Redistributions of source code must retain the above copyright
   notice, this list of conditions and the following disclaimer.
2. Redistributions in binary form must reproduce the above copyright
   notice, this list of conditions and the following disclaimer in
   the documentation and/or other materials provided with the
   distribution.

THIS SOFTWARE IS PROVIDED BY THE AUTHOR AND CONTRIBUTORS ``AS IS'' AND
ANY EXPRESS OR IMPLIED WARRANTIES, INCLUDING, BUT NOT LIMITED TO, THE
IMPLIED WARRANTIES OF MERCHANTABILITY AND FITNESS FOR A PARTICULAR
PURPOSE ARE DISCLAIMED. IN NO EVENT SHALL THE AUTHOR OR CONTRIBUTORS BE
LIABLE FOR ANY DIRECT, INDIRECT, INCIDENTAL, SPECIAL, EXEMPLARY, OR
CONSEQUENTIAL DAMAGES (INCLUDING, BUT NOT LIMITED TO, PROCUREMENT OF
SUBSTITUTE GOODS OR SERVICES; LOSS OF USE, DATA, OR PROFITS; OR BUSINESS
INTERRUPTION) HOWEVER CAUSED AND ON ANY THEORY OF LIABILITY, WHETHER IN
CONTRACT, STRICT LIABILITY, OR TORT (INCLUDING NEGLIGENCE OR OTHERWISE)
ARISING IN ANY WAY OUT OF THE USE OF THIS SOFTWARE, EVEN IF ADVISED OF
THE POSSIBILITY OF SUCH DAMAGE.

C.3.10　SipHash24

"Python/pyhash.c"には Dan Bernstein の SipHash24 アルゴリズムの
Marek Majkowskiによる実装が含まれている。これには以下の注記がある：

<MIT License>
Copyright (c) 2013 Marek Majkowski <marek@popcount.org>

Permission is hereby granted, free of charge, to any person obtaining a
copy of this software and associated documentation files (the
"Software"), to deal in the Software without restriction, including
without limitation the rights to use, copy, modify, merge, publish,

```
distribute, sublicense, and/or sell copies of the Software, and to
permit persons to whom the Software is furnished to do so, subject to
the following conditions:

The above copyright notice and this permission notice shall be included
in all copies or substantial portions of the Software.
</MIT License>

Original location:
    https://github.com/majek/csiphash/
Solution inspired by code from:
    Samuel Neves (supercop/crypto_auth/siphash24/little)
    djb (supercop/crypto_auth/siphash24/little2)
    Jean-Philippe Aumasson (https://131002.net/siphash/siphash24.c)
```

C.3.11 strtodおよびdtoa

C の double 型と文字列型を相互に変換する関数 dtoa および strtod を提供している Python/dtoa.c は、David M. Gay による同名のファイル（現在 http://www.netlib.org/fp/ から取得できる）から派生したものである。オリジナルファイルには、2009年3月16日に取得した時点で、著作権とライセンスについて以下の掲示がある：

```
/*****************************************************************
 *
 * The author of this software is David M. Gay.
 *
 * Copyright (c) 1991, 2000, 2001 by Lucent Technologies.
 *
 * Permission to use, copy, modify, and distribute this software for any
 * purpose without fee is hereby granted, provided that this entire
 * notice is included in all copies of any software which is or includes
 * a copy or modification of this software and in all copies of the
 * supporting documentation for such software.
 *
 * THIS SOFTWARE IS BEING PROVIDED "AS IS", WITHOUT ANY EXPRESS OR
 * IMPLIED WARRANTY. IN PARTICULAR, NEITHER THE AUTHOR NOR LUCENT MAKES
 * ANY REPRESENTATION OR WARRANTY OF ANY KIND CONCERNING THE
 * MERCHANTABILITY OF THIS SOFTWARE OR ITS FITNESS FOR ANY PARTICULAR
 * PURPOSE.
 *
 *****************************************************************/
```

C.3.12 OpenSSL

hashlib、posix、ssl、crypt の各モジュールは OS が利用可能な状態にしている場合

に OpenSSL ライブラリを使用してパフォーマンスを上げている。また、Windows お
よび Mac OS X の Python インストーラは OpenSSL ライブラリのコピーを含むこと
がある。このため我々は OpenSSL ライセンスのコピーをここに含める：

```
LICENSE ISSUES
==============

The OpenSSL toolkit stays under a dual license, i.e. both the conditions
of the OpenSSL License and the original SSLeay license apply to the
toolkit. See below for the actual license texts. Actually both licenses
are BSD-style Open Source licenses. In case of any license issues
related to OpenSSL please contact openssl-core@openssl.org.

OpenSSL License
---------------
 /* ===================================================================
  * Copyright (c) 1998-2008 The OpenSSL Project.  All rights reserved.
  *
  * Redistribution and use in source and binary forms, with or without
  * modification, are permitted provided that the following conditions
  * are met:
  *
  * 1. Redistributions of source code must retain the above copyright
  *    notice, this list of conditions and the following disclaimer.
  *
  * 2. Redistributions in binary form must reproduce the above copyright
  *    notice, this list of conditions and the following disclaimer in
  *    the documentation and/or other materials provided with the
  *    distribution.
  *
  * 3. All advertising materials mentioning features or use of this
  *    software must display the following acknowledgment:
  *    "This product includes software developed by the OpenSSL Project
  *    for use in the OpenSSL Toolkit. (http://www.openssl.org/)"
  *
  * 4. The names "OpenSSL Toolkit" and "OpenSSL Project" must not be
  *    used to endorse or promote products derived from this software
  *    without prior written permission. For written permission, please
  *    contact openssl-core@openssl.org.
  *
  * 5. Products derived from this software may not be called "OpenSSL"
  *    nor may "OpenSSL" appear in their names without prior written
  *    permission of the OpenSSL Project.
  *
  * 6. Redistributions of any form whatsoever must retain the following
  *    acknowledgment:
  *    "This product includes software developed by the OpenSSL Project
```

```
 *     for use in the OpenSSL Toolkit (http://www.openssl.org/)"
 *
 * THIS SOFTWARE IS PROVIDED BY THE OpenSSL PROJECT ``AS IS'' AND ANY
 * EXPRESSED OR IMPLIED WARRANTIES, INCLUDING, BUT NOT LIMITED TO, THE
 * IMPLIED WARRANTIES OF MERCHANTABILITY AND FITNESS FOR A PARTICULAR
 * PURPOSE ARE DISCLAIMED.  IN NO EVENT SHALL THE OpenSSL PROJECT OR
 * ITS CONTRIBUTORS BE LIABLE FOR ANY DIRECT, INDIRECT, INCIDENTAL,
 * SPECIAL, EXEMPLARY, OR CONSEQUENTIAL DAMAGES (INCLUDING, BUT
 * NOT LIMITED TO, PROCUREMENT OF SUBSTITUTE GOODS OR SERVICES;
 * LOSS OF USE, DATA, OR PROFITS; OR BUSINESS INTERRUPTION)
 * HOWEVER CAUSED AND ON ANY THEORY OF LIABILITY, WHETHER IN CONTRACT,
 * STRICT LIABILITY, OR TORT (INCLUDING NEGLIGENCE OR OTHERWISE)
 * ARISING IN ANY WAY OUT OF THE USE OF THIS SOFTWARE, EVEN IF ADVISED
 * OF THE POSSIBILITY OF SUCH DAMAGE.
 * ====================================================================
 *
 * This product includes cryptographic software written by Eric Young
 * (eay@cryptsoft.com).  This product includes software written by Tim
 * Hudson (tjh@cryptsoft.com).
 *
 */

Original SSLeay License
-----------------------
 /* Copyright (C) 1995-1998 Eric Young (eay@cryptsoft.com)
 * All rights reserved.
 *
 * This package is an SSL implementation written
 * by Eric Young (eay@cryptsoft.com).
 * The implementation was written so as to conform with Netscapes SSL.
 *
 * This library is free for commercial and non-commercial use as long
 * as the following conditions are aheared to.  The following
 * conditions apply to all code found in this distribution, be it the
 * RC4, RSA, lhash, DES, etc., code; not just the SSL code. The SSL
 * documentation included with this distribution is covered by the
 * same copyright terms except that the holder is Tim Hudson
 * (tjh@cryptsoft.com).
 *
 * Copyright remains Eric Young's, and as such any Copyright notices in
 * the code are not to be removed.
 * If this package is used in a product, Eric Young should be given
 * attribution as the author of the parts of the library used.
 * This can be in the form of a textual message at program startup or
 * in documentation (online or textual) provided with the package.
 *
 * Redistribution and use in source and binary forms, with or without
 * modification, are permitted provided that the following conditions
 * are met:
```

```
*  1. Redistributions of source code must retain the copyright
*     notice, this list of conditions and the following disclaimer.
*  2. Redistributions in binary form must reproduce the above copyright
*     notice, this list of conditions and the following disclaimer in
*     the documentation and/or other materials provided with the
*     distribution.
*  3. All advertising materials mentioning features or use of this
*     software must display the following acknowledgement:
*     "This product includes cryptographic software written by
*      Eric Young (eay@cryptsoft.com)"
*     The word 'cryptographic' can be left out if the rouines from the
*     library being used are not cryptographic related :-).
*  4. If you include any Windows specific code (or a derivative
*     thereof) from the apps directory (application code) you must
*     include an acknowledgement:
*     "This product includes software written by Tim Hudson
*      (tjh@cryptsoft.com)"
*
* THIS SOFTWARE IS PROVIDED BY ERIC YOUNG ``AS IS'' AND
* ANY EXPRESS OR IMPLIED WARRANTIES, INCLUDING, BUT NOT LIMITED TO,
* THE IMPLIED WARRANTIES OF MERCHANTABILITY AND FITNESS FOR A
* PARTICULAR PURPOSE ARE DISCLAIMED.  IN NO EVENT SHALL THE AUTHOR
* OR CONTRIBUTORS BE LIABLE FOR ANY DIRECT, INDIRECT, INCIDENTAL,
* SPECIAL, EXEMPLARY, OR CONSEQUENTIAL DAMAGES (INCLUDING, BUT NOT
* LIMITED TO, PROCUREMENT OF SUBSTITUTE GOODS OR SERVICES; LOSS OF
* USE, DATA, OR PROFITS; OR BUSINESS INTERRUPTION) HOWEVER CAUSED
* AND ON ANY THEORY OF LIABILITY, WHETHER IN CONTRACT, STRICT
* LIABILITY, OR TORT (INCLUDING NEGLIGENCE OR OTHERWISE) ARISING IN
* ANY WAY OUT OF THE USE OF THIS SOFTWARE, EVEN IFADVISED OF THE
* POSSIBILITY OF SUCH DAMAGE.
*
* The licence and distribution terms for any publically available
* version or derivative of this code cannot be changed.  i.e. this
* code cannot simply be copied and put under another distribution
* licence [including the GNU Public Licence.]
*/
```

C.3.13 expat

pyexpat拡張は、--with-system-expatオプションでビルドされていない限り
同梱されたexpatのソースを使用する：

```
Copyright (c) 1998, 1999, 2000 Thai Open Source Software Center Ltd
                    and Clark Cooper

Permission is hereby granted, free of charge, to any person obtaining a
copy of this software and associated documentation files (the
"Software"), to deal in the Software without restriction, including
```

without limitation the rights to use, copy, modify, merge, publish,
distribute, sublicense, and/or sell copies of the Software, and to
permit persons to whom the Software is furnished to do so, subject to
the following conditions:

The above copyright notice and this permission notice shall be included
in all copies or substantial portions of the Software.

THE SOFTWARE IS PROVIDED "AS IS", WITHOUT WARRANTY OF ANY KIND, EXPRESS
OR IMPLIED, INCLUDING BUT NOT LIMITED TO THE WARRANTIES OF
MERCHANTABILITY, FITNESS FOR A PARTICULAR PURPOSE AND NONINFRINGEMENT.
IN NO EVENT SHALL THE AUTHORS OR COPYRIGHT HOLDERS BE LIABLE FOR ANY
CLAIM, DAMAGES OR OTHER LIABILITY, WHETHER IN AN ACTION OF CONTRACT,
TORT OR OTHERWISE, ARISING FROM, OUT OF OR IN CONNECTION WITH THE
SOFTWARE OR THE USE OR OTHER DEALINGS IN THE SOFTWARE.

C.3.14　libffi

`ctypes` 拡張は、`--with-system-libffi` オプションでビルドされていない限り
同梱された `libffi` のソースを使用する：

Copyright (c) 1996-2008 Red Hat, Inc and others.

Permission is hereby granted, free of charge, to any person obtaining a
copy of this software and associated documentation files (the
``Software''), to deal in the Software without restriction, including
without limitation the rights to use, copy, modify, merge, publish,
distribute, sublicense, and/or sell copies of the Software, and to
permit persons to whom the Software is furnished to do so, subject to
the following conditions:

The above copyright notice and this permission notice shall be included
in all copies or substantial portions of the Software.

THE SOFTWARE IS PROVIDED ``AS IS'', WITHOUT WARRANTY OF ANY KIND,
EXPRESS OR IMPLIED, INCLUDING BUT NOT LIMITED TO THE WARRANTIES OF
MERCHANTABILITY, FITNESS FOR A PARTICULAR PURPOSE AND NONINFRINGEMENT.
IN NO EVENT SHALL THE AUTHORS OR COPYRIGHT HOLDERS BE LIABLE FOR ANY
CLAIM, DAMAGES OR OTHER LIABILITY, WHETHER IN AN ACTION OF CONTRACT,
TORT OR OTHERWISE, ARISING FROM, OUT OF OR IN CONNECTION WITH THE
SOFTWARE OR THE USE OR OTHER DEALINGS IN THE SOFTWARE.

C.3.15　zlib

`zlib` 拡張は、システムの `zlib` のバージョンがビルドに使用するには古すぎる場合
に、同梱された `expat` のソースを使用する：

C.3.16 cfuhash

tracemallocで使用しているハッシュテーブルの実装はcfuhashプロジェクトに
基づくものである：

TO, THE IMPLIED WARRANTIES OF MERCHANTABILITY AND FITNESS FOR FOR A
PARTICULAR PURPOSE ARE DISCLAIMED. IN NO EVENT SHALL THE COPYRIGHT OWNER
OR CONTRIBUTORS BE LIABLE FOR ANY DIRECT, INDIRECT, INCIDENTAL, SPECIAL,
EXEMPLARY, OR CONSEQUENTIAL DAMAGES (INCLUDING, BUT NOT LIMITED TO,
PROCUREMENT OF SUBSTITUTE GOODS OR SERVICES; LOSS OF USE, DATA, OR
PROFITS; OR BUSINESS INTERRUPTION) HOWEVER CAUSED AND ON ANY THEORY OF
LIABILITY, WHETHER IN CONTRACT, STRICT LIABILITY, OR TORT (INCLUDING
NEGLIGENCE OR OTHERWISE) ARISING IN ANY WAY OUT OF THE USE OF THIS
SOFTWARE, EVEN IF ADVISED OF THE POSSIBILITY OF SUCH DAMAGE.

C.3.17 libmpdec

_decimalモジュールは、--with-system-libmpdecオプションでビルドされて
いない限り同梱されたlibmpdecのソースを使用する：

Copyright (c) 2008-2020 Stefan Krah. All rights reserved.

Redistribution and use in source and binary forms, with or without
modification, are permitted provided that the following conditions are
met:

1. Redistributions of source code must retain the above copyright
   notice, this list of conditions and the following disclaimer.
2. Redistributions in binary form must reproduce the above copyright
   notice, this list of conditions and the following disclaimer in the
   documentation and/or other materials provided with the distribution.

THIS SOFTWARE IS PROVIDED BY THE AUTHOR AND CONTRIBUTORS "AS IS" AND ANY
EXPRESS OR IMPLIED WARRANTIES, INCLUDING, BUT NOT LIMITED TO, THE
IMPLIED WARRANTIES OF MERCHANTABILITY AND FITNESS FOR A PARTICULAR
PURPOSE ARE DISCLAIMED. IN NO EVENT SHALL THE AUTHOR OR CONTRIBUTORS BE
LIABLE FOR ANY DIRECT, INDIRECT, INCIDENTAL, SPECIAL, EXEMPLARY, OR
CONSEQUENTIAL DAMAGES (INCLUDING, BUT NOT LIMITED TO, PROCUREMENT OF
SUBSTITUTE GOODS OR SERVICES; LOSS OF USE, DATA, OR PROFITS; OR BUSINESS
INTERRUPTION) HOWEVER CAUSED AND ON ANY THEORY OF LIABILITY, WHETHER IN
CONTRACT, STRICT LIABILITY, OR TORT (INCLUDING NEGLIGENCE OR OTHERWISE)
ARISING IN ANY WAY OUT OF THE USE OF THIS SOFTWARE, EVEN IF ADVISED OF
THE POSSIBILITY OF SUCH DAMAGE.

C.3.18 W3C C14Nテストスイート

testパッケージのC14N 2.0 テストスイート（"Lib/test/xmltestdata/
c14n-20/"）は3条項BSDライセンスの下で配布されているW3Cウエブサイト
（https://www.w3.org/TR/xml-c14n2-testcases/）の派生物である：

付録D
コピーライト

Python and this documentation is:

Copyright © 2001-2020 Python Software Foundation. All rights reserved.

Copyright © 2000 BeOpen.com. All rights reserved.

Copyright © 1995-2000 Corporation for National Research Initiatives. All rights reserved.

Copyright © 1991-1995 Stichting Mathematisch Centrum. All rights reserved.

==

付録E
Python初心者だった頃
—みんながひっかかる
Pythonのヘンなとこ

Pythonには、使えるようになると気にもしないが、最初はわけがわからないことが、案外いろいろある。そうしたものは、問題をとりあえず脇において体に叩きこむように覚えられる人には障害にならないかもしれないが、細かいことも全部理解してすべてが明白になっていないと気持ちが悪い人には、言語の好き嫌いにも通じるほどの影響をおよぼすことがある。

昨今はPythonを手段として選ぶ人が増え、こうした細かい話の解説の需要は減った感じもする。しかしPythonの、たとえば簡潔さと機能の充実のアンバランスを、たとえば楽屋裏を平気で見せてしまう大人な感覚を、たとえばソースコードが2次元であることを強制して人間の脳に最大限の情報を与えてしまおうとする頑固な親切さを好み、この言語を目的として選ぶようなタイプの方には、他で書かれていない細かい奇妙さを解説し、初心者が受けるであろう衝撃をやわらげることは依然有益だと感じる。これゆえに初版からの記述を含め（Python 2向けの項目は含めず）この付録を続けるものとする。

E.1　most recent call lastってなんぢゃ

Pythonのエラーメッセージを初めて見た時は面食らった。たとえばこんな感じ：

```
>>> word[0] = 'x'
Traceback (most recent call last):
  File "<stdin>", line 1, in ?
TypeError: object does not support item assignment
>>>
```

　いきなりTracebackだ。おぬし、タダのエラーじゃないな？　しかも「(most recent call last)」ときたもんだ。最後のTypeErrorってのはエラーだろうけど、このTracebackって部分、エラーなの？　エラーじゃないの？　だいたいmost recent call lastってなんだ？？　一番最近のコールが……えーと、lastって冠詞も付いてないから動詞？？　なんかコールがさらに続いてるわけ？　でも動詞ならsが付いてlastsになりそう。most recent callって単一のものではないのか？？？　File "<stdin>"〜の部分はインデントからするとTracebackに従属しそうだけど、そしたらTypeErrorの発生源は？？？

　エキスパートはすっかり忘れて当たり前のように見ているこのメッセージだが、実のところ、かなりヘンテコだ。結論から言えば、このlastは名詞で、「新しいコールほど後ろにありますよ」というだけのことだ。ひどく省略された表現なのである。長いトレースバックがいきなり出れば、初心者は頭から見ていって挫折するが、普通のPythonプログラマは、トレースバックが出たら一番下を見るのだ。

　Tracebackという言い方も、なんら特別なものではなく、エラーの履歴を追跡してますよと言っているだけのことだ。一番下の行にあるエラーこそ、プログラムを止めた直接のエラーであり、エラーの発生した位置は、その直上のインデントで落とした行の「File云々」という部分に書いてあるのである。そしてその上には、いまエラーになっている部分を呼んだ関数が書いてあり、その関数の位置は、さらにその上の行のファイル/行番号なのである。あとは繰り返し。

　要するにこれは、スタックトレースを逆順表示しているだけのモノなのだ。一番下に一番大事なことが書いてあるのは、プロンプトのすぐ上を見ればよいという習慣づけのためと、長い表示になったときにスクロールバックする必要をなくすことを意図したものだろう。この様子はソースツリーのtraceback.cにあるtb_printinternal()という関数を読むとよくわかる。

E.2　内包がわからぬ

　内包はコンテナ型のデータの要素を一行で変換できる便利な書き方である。もともとリスト型についてHaskellからの拝借で作られたが、後にさまざまなコンテナ型でも生成できるように順次拡張された。

　慣れるととても便利なこの記法だが、初心者にはとっつきが悪く、非論理的にすら見えるという。エキスパートからですら読みにくいという意見が見られる。しかし筆者は単純で論理的で読みやすいと思えるようにすっかり自分を訓練してしまった。あ

なたもここですっきりしておこうではないか。

　Pythonの内包の第一印象からしてヘンなところは、なんといっても[x for x in ...] のように同じ変数が何度も出てくること。そして複雑なものでは後ろのほうがforやifだらけで論理が追いにくいことであろう。それぞれ解説する。

　まず、「内包」とはもともと集合論の「外延」と対になる言葉だ。外延は集合の内容を**具体的**に列挙し、内包はその**性質**により記述するものだ。1桁の正の偶数集合を考えてみよう。集合の記法ではこのようになる:

```
外延: {0,2,4,6,8}
内包: {x: xは0以上10未満の偶数}
```

それぞれがPythonリストの

```
[0, 2, 4, 6, 8]
[x for x in range(10) if x % 2 == 0]
```

と似ていることに気づかれることと思う。Pythonが内包を拝借したHaskellでは、さらに集合の記法に近いものとなっている:

```
[x | x <- [0..10] , mod x 2 == 0]
```

　もうおわかりだろう。最初の部分（ここではx）は、「xの集合を定義するよ」という宣言部なのだ。何度も出てくるように見えるのは、セパレータが入っておらず、後の部分と位置的に近いからにすぎない。

　ところで、この部分は必ずしもx（元のコンテナが生成する変数）に関して書かなければならないわけではない。ここにはあらゆる式が書けて、それによってこの集合の要素の姿を定義するようになっている。ここに書いた式の返り値が、新しいコンテナの要素となる、というだけのことだ。

　それでは後半部である。内包の後半部、集合の「性質」を記述する部分に書いてあるのは、ほとんど普通のforループそのものだ。だから内包の中味のもっとも基本的な形は:

　　「最終的な要素の姿」「for文」

で書き表せるといえる。

　それでは後ろがゴチャゴチャする場合についてはどう考えればいいだろうか。これも簡単である。複数行にわたるfor文と条件節を、やはりセパレータもなく1行で書

いてあるだけにすぎない。

例をあげよう：

```
>>> f1 = ("x1", "y1")
>>> f2 = ("x2", "y2")
>>> [ a+b for a in f1 for b in f2 ]
['x1x2', 'x1y2', 'y1x2', 'y1y2']
>>>
```

これは $(x+y)^2 = x^2 + 2xy + y^2$ の展開であり、式の項同士の掛け算を文字列の連結で表現したものだ。

掛け合わせ（連結）が展開と同じ順序で行われているのがわかると思う。これをループごとに行を変えて書くと：

```
>>> result = '''[ a+b
...                 for a in f1
...                     for b in f2
...               ]'''
>>> eval(result)
['x1x2', 'x1y2', 'y1x2', 'y1y2']
>>>
```

という具合に文法が明確になると思う（eval は文字列を Python の式として構文解析・評価する組み込み関数で、インタープリタではリストを複数行で書くことが許されていないので使用している）。切れ目は for である。

if が後置されるのはラテン語系言語の修飾語句のクセを反映したもので、Perl などにもあるオシャレな書き方だが日本人には馴染みにくいようだ：

```
>>> g1 = [2, 4]
>>> g2 = [3, -3]
>>> [ a*b for a in g1 if a>3 for b in g2 if b>0 ]
[12]
```

これはこういうことだ：

```
>>> result='''[ a*b
...                 for a in g1 if a>3     # 4だけが出る
...                     for b in g2 if b>0  # 3だけが出る
...               ]'''
>>> eval(result)
[12]
```

切れ目はやはり for である。いくら呪文じみて見えても、for があるたびに別の

ループになっていると認識すれば、ごく単純な入れ子構造が見えるわけだ。

ただ少し特殊なのが、条件節をいちばん後ろに移動できることだ：

```
>>> [ a*b for a in g1 for b in g2 if a>3 if b>0 ]
[12]
```

これは1行ずつに分けて考える上では困った仕様だが、「条件をまとめて書ける」という点では非常に便利で見やすいし、便利な拡張もされている：

```
>>> [ a*b for a in g1 for b in g2 if a>3 and b>0 ] # 4と3の場合だけ
[12]
>>> [ a*b for a in g1 for b in g2 if a>3 or b>0 ]
[6, 12, -12]
>>> # orなのでa=2, b=3とa=4,b=-3の場合も加わった
```

1. for文はいくつでも入れることができて入れ子として扱われる。
2. 条件節もいくつでも入れることができてループ内で使われる。
3. 最終的な出力はやっぱり先頭の式が担う。

個人的にはPythonの内包の一番大きな失敗はセパレータを省いたことだと思う。頭の中でセパレータを補ってやれば、これほど単純で簡潔な書き方もない。

余談だが「最終的な要素の姿」にはあらゆる式が入るので、for文の要素を使わないことすら可能だ。これは通常のループを、繰り返し作業のカウンタとして使う書き方に相当する。ただし最後にコンテナが返ってくる：

```
>>> [ print('ねこ') for x in vec ]
ねこ
ねこ
ねこ
[None, None, None]
>>>
```

返されたコンテナがNoneで構成されているのは、print()の返り値がNoneだからだ。単純！

E.3　なんだよこの正規表現は

Pythonには正規表現専用の演算子が存在しない。Awk、Perl、Rubyなどに慣れている方は気軽に便利に正規表現を使うし、それが当たり前なので、このことには驚嘆

されるかもしれない。

　Pythonには機能をモジュールに追い出して言語仕様を小さくしておこうとする傾向があり、正規表現もそのような扱いにより、reモジュールに入れられている。名前が短いから手軽に使えるだろとでも言いたげだが、reモジュールはライブラリリファレンスも妙に長くて手軽に使えそうにない。HOWTO読めとか書いてあるし。さらにHOWTOの例を見ると、正規表現をいちいちコンパイルしてたりする。

　そりゃ英語圏ではstrのメソッドで大部分の処理が済むかも知れませんがね、日本では無理だ。スペース区切りになっていない言語では、正規表現を湯水のように使い捨てたい。日本人は正規表現で考える。だから、簡単に使う方法をここに記しておく。

　まず、文法はほとんどPerl 5と変わらない。特殊文字はほぼ共通。グリードマッチを抑制する「?」もマッチ回数を指定する{m,n}記法も普通に使え、特殊キャラクタも共通だ。Perl 5.8にある文字プロパティは標準では使えないが、将来の置き換えを狙った互換性の高いパッケージ、regexを導入すれば利用可能だ（https://pypi.python.org/pypi/regex）。以下のreモジュールを使った例はどれもregexモジュールで同じように動作する。

　コンパイルはほとんど必要ない。re/regexモジュールにはsearch、match、split、findall、finditer、sub、subnなど、正規表現オブジェクト（コンパイルすると生成されるオブジェクト）と共通のメソッドがちゃんとあり、コンパイルしなくても使える。また、コンパイルした正規表現オブジェクトでは開始・終了ポジションが指定できるが、これもそう使うものではない。

　正規表現をコンパイルしておけば再利用コストが下がるといわれているが、実際に計測してみると、実はあまり変わらない。timeitモジュールで正規表現処理のみをひたすら繰り返して計測すると70～80％の差が出るが、簡単な実用フィルタ（「ログからsshに不正侵入しようとした痕跡を検索し、IPアドレスとアカウントを数えて頻度を返す」）では、せいぜい20％の違いだ。コンパイルの手間と、どちらを選ぶかは用途によるだろう。

　筆者のおすすめは、とりあえずメソッドを使ってどんどん書いておき、必要になったらリファクタリングでコンパイルへの移行を検討することだ。要するにPerlにおける正規表現コンパイルと同じ程度の扱いである。Pythonの正規表現は、まずはコンパイル、と言われるために不当に面倒くさく思われているが、実態はこの程度だ。

　さて使用例である。

　検索は「re.search('パターン', 対象文字列, [フラグ])」で行う。マッチがあ

ればマッチオブジェクトが返り、マッチしなければNoneが返る。だからgrep的な処理はこのように書ける：

```
for line in file(filename):
    if re.search(pattern, line): print(line)
```

ログファイルなど特定のパターンの文字列から情報を取り出すには、パターン中のその部分を丸カッコで囲むこと（グループ化）で指定する：

```
>>> blacklist=set()
>>> with open('/var/log/messages') as f:
...    for line in f:
...        if (matched := re.search(  # 式のカッコ内では改行して見やすくしてよい
...            'sshd\[.* maximum .* from (\w+\.\w+\.\w+\.\w+)', line )
...        ):     # この2行のインデントに意味はなく最初のifの続きとみなされる
...            blacklist.add(matched.group(1))
...
>>> blacklist
{'185.220.102.7', '47.56.145.231', ... '185.220.102.242'}
```

以前はマッチオブジェクトの取得とマッチの有無の判定に2行使う必要があったが、Python 3.8で導入されたセイウチ演算子「:=」を使うことでif文の中で代入ができるようになり、1行で表現できるようになった（この例ではif (matched=...):に3行使っているが、論理的には1行である）。

マッチしたパターンを返したいだけであれば、「re.findall('パターン', 対象文字列)」を使うとよい。マッチした文字列のリストが返ってくるので、直接ループをかけるような処理ができる。丸カッコでグループ化してある部分があれば、グループのみが返ってくる。

```
>>> jstr = '梅は咲いたか桜はまだかいな'
>>> re.findall('[一-龠][ぁ-ん]', jstr) # 漢字1文字平仮名1文字
...
['梅は', '咲い', '桜は']
>>> re.findall('[一-龠]([ぁ-ん])', jstr) # 漢字に続く平仮名1文字
...
['は', 'い', 'は']
```

regexパッケージを使っていると、日本語を文字プロパティで表現できる。

```
>>> import regex
>>> regex.findall('[[:ideographic:]][[:hiragana:]]', jstr)
['梅は', '咲い', '桜は']
>>> regex.findall('[[:ideo:]]([[:hira:]])', jstr)
```

```
['は', 'い', 'は']
```

この表記では、alphaやalnumで日本語の文字もヒットする（というか他言語でアルファベット的に使われる基本文字もすべてヒットする）。いわゆるアルファベットはlatinだ。

```
>>> mstr = 'ぼく1の馬鹿ばかbaka！'
>>> regex.findall('[[:alnum:]]([[:latin:]]+)', mstr)
['baka']
>>> regex.findall('[[:alnum:]]([[:number:]]+)', mstr)
['1']
```

置換は「re.sub('パターン', '置換文字列', 対象文字列 [, 最大置換回数])」で行う。最大置換回数を指定しなければすべてが置換される。'置換文字列'には関数が入れられるので、その場で複雑な処理ができる。re.subn()を使うと置換後の文字列と置換回数をタプルに組んで返してくれるので、場合によっては便利なはず。

「re.split('パターン', 対象文字列, 最大断点数)」は、'パターン'で指定した区切りパターンを使ってsplitするというメソッドである。これはフィールドセパレータ（項目区切り）をパターンで表現しなければならないデータを処理するのに便利で、文字列メソッドのsplitメソッドと同様、リストを返す。ちなみに'パターン'を'(パターン)'の形で指定すると、返ってくるリストにはパターンに一致した部分も入っている（つまり、これを''.join()に食わせれば元の文字列となる）。

よく使う正規表現といえば、とりあえずこのくらいだろうか。他の機能については、慣れてからライブラリリファレンスを読めばよいと思う。

E.4 インタラクティブヘルプが使えない

いやいや、Pythonのインタラクティブヘルプは、本当はとても便利だ。英語ではあるけど、プログラミング中に見当をつけるのにとてもよい。しかし、正しく使っている人が少ない気がする。

E.4.1 help()で出てくるもの

まず、基礎知識としてオンラインヘルプユーティリティの動作を書いておく。

help()と打ち込むと、ごちゃごちゃしたメッセージが並んでからhelp>というプロンプトになる。これがオンラインヘルプユーティリティだ。ここでは次のようなことができる：

- モジュール、キーワード、トピック名を打ち込む——これが通常の使い方だろう。それぞれの解説が読める。しかしモジュールやキーワードやトピックの名前を知るにはどうしたらよいだろうか。それが次の動作だ。
- modules、keywords、topicsと打ち込んで、それぞれのリストを取る——これでちょっと俯瞰すると、全体が把握しやすくなる。

もう1つ、なにか「ありそうな機能」を実装しているモジュールを知りたいときのために、

- 「modules 機能名」と打ち込んでモジュールの1行解説に検索をかけるというのがある。これはUnixで言うところのaproposみたいなもので、機能が存在するのは知っているのに具体的な名前を忘れた、などというとき便利だ。

最後に、

- quitと打ち込んでヘルプユーティリティを抜ける。これにより普通の対話モードに戻れる。[Ctrl] + [D] キーでも戻れるが、間違って二度押しすると対話モードからも抜けてしまうので注意。

E.4.2　たいていの場合は「help(' なにか')」でよい

ヘルプユーティリティの機能を理解してしまえば、普段はもっと楽な使い方ができる。

上で書いたヘルプユーティリティの機能は、実はヘルプの中に入らなくても使える。普通の対話プロンプト（>>>）でhelp(' なにか')と打ち込むと、ヘルプユーティリティのプロンプト（help>）で「なにか」と打ち込んだのと同じことが起きるのだ。

この記法では、help(' 名前')はもちろん、help('modules')によるモジュール一覧や、help('modules spam')もちゃんと動作する。これはウットリするほど便利ですよ。

E.4.3　「help(なにか)」はオブジェクトを評価する

「なにか」を引用符で囲まず、help(なにか)とすると、help()は引数のオブジェクトを評価し、そのdocstringを表示する。この機能により、サブクラスの名前を渡してベースクラスのヘルプが読めるなど、柔軟な対応が可能になっている。

　しかしこの動作では、評価によって適切なオブジェクトが返るもののみが検索されるため、読めないドキュメントが少なくない。たとえば`help(if)`と打ち込んだ場合、`if`は文の一部でキーワードだが、評価すれば構文エラーが返るのみである。これに対して引用符で囲って`help('if')`とすれば、ヘルプインデックスを検索してくれるので、`keywords`のドキュメントが表示される。

　つまりPythonでは、通常のオンラインヘルプに要求される機能が引用符で囲う記法で、拡張的な部分が囲わない記法で実現されているわけだ。直感に反する部分なので注意してほしい。

——鴨澤 眞夫

付録F
Python 2の読み書き 〜 古い
コードをメンテナンスする人へ

Python 3はPython 2より高い機能と優れた仕様を持つ素直な言語である。また、Python 2の公式サポートは2020年1月1日限りで終了している。はじめてのユーザーがPython 2から入る理由はないし、Python 2を使う必要があるユーザーも、Python 3を覚えてからPython 2の差分を見ていくほうが頭の整理がつきやすいはずだ。

以下はPython 3ユーザーが2.x以前のコードを読み書きするときの注意書きである。2.xのコードを2.7で動かすのは難しくない場合が多いので、書く部分については2.7のみについて記している。

F.1 printが文である

通常、2.xではprintは関数でなく文である。

F.1.1 新規に使う場合

「from __future__ import print_function」で3.x互換のprint()関数が使える。Python 2.6以降にはprint()関数が存在するが、3.xとは異なるものなのでモジュールのprint()関数を使う。

F.1.2 古いソースを読むとき

print文はprint()関数ほど柔軟でなく、式のみが入る場所にも入れないため、代用としてsys.stdout.write()が使われていることがある。また、任意のファイルオブジェクトにprintするときは第1引数の前に「>> file」を挿入し、「print >> file, 式, …」などとするようになっている。

F.2 文字列の整形

文字列フォーマッティングはPython 2まではCのprintfのような'I %s a pen.' % 'have'のスタイルだったが、Python 3.0で'I {} a pen.'.format('have')のスタイルに変更され、さらにPython 3.6でf文字列が導入された。

F.2.1 新規に使う場合

新しいstr.format()を使った書き方はPython 2.6以降なら使用できるので、こちらに統一する。f文字列は使えない。

F.2.2 古いソースを読むとき

文字列中のプレースホルダの%記号は後ろの部分を巻き込んで型や幅を指定しているので、特にhtmlなどを出力するコードでごちゃごちゃに見えることがある。冷静に切り分けよう。

F.3 文字列型とbytes型

このふたつの扱いは、Python 3が後方互換性を捨てた最大の理由である。Python 2のstrに入っているデータは文字列とは限らないし、ASCII以外の文字が入っている時の扱いは個々のプログラムにより異なる。

F.3.1 新規に使う場合

これも「from __future__ import unicode_literals」で3と互換性のあるstr型とbytes型が導入できる。ただし：

- 文字の入出力には、ソースコードエンコーディングをソースファイルの2行目に「 -*- coding: utf-8 -*-」の形で指定しておく必要がある。
- 非ASCII文字を名前に使うことはできない。

といった注意が必要だ。

F.3.2 古いソースを読むとき

ASCII以外の文字を格納する文字列型として、Python 2.xにはUnicode文字列型

が存在する（正確には1.6からだが、1.6と2.0は同じものだ）。これは3.xでリネームされて`str`型になったものである。このUnicode文字列型は、コンストラクタ関数`unicode('文字列', 'エンコーディング名')`や、リテラルで「`u'文字列'`」のように書くことで得られる。これが使われていれば読む際の不自由は少ないはずだ。

　Python 2.3以前では日本語codecが付属していなかったため、当時からのソースならサードパーティ製のCJKCodecsやJapaneseCodecsが使われていることがある。これらは基本的に現在のPythonの日本語codecと互換性がある。特にCJKCodecsは2.4で本家に統合されたものだ。

　Python 1から2.xまでのデフォルトの`str`型は8bitクリーンのデータ型であり、文字列以外のさまざまなバイナリの格納にも使われている。そしてPython 1.5時代にはUnicode型が存在せず、生のEUCなどを`str`型に格納する必要があった。つまり非常に古いソースでは、トリッキーな日本語処理テクニックが全面的に使われている場合がある。

F.4　データ型の扱い

　Python 3はメモリ効率のよいスケーラブルな現代のプログラミング言語であり、大きなデータを処理しうる処理では遅延評価オブジェクトや「ビュー」などの軽量なクラスが返されることが多く、非同期プログラミングの文法も増え続けている。

　ところが初期のPythonでは、あらゆる処理がリストそのものを返すのが通例だった。これはシンプルで読みやすいものの、メモリをその場で占有する上、反復子は全体を読み終わってからでないと処理できなかった。

　このため、移行期のPython 2では遅延評価の`xrange()`や`dict.iterkeys()`などによる増改築が行われており、シンプルさが失われている。これらは3.xで整理され、基本的には2.xまでのデフォルトであったリストを返すバージョンは削除、遅延評価オブジェクトを返す拡張版のほうに置き換えられた。

　つまり初期のコードは機能的性能的にPython 3に劣り、過渡期のコードはごちゃごちゃして読みにくい、ということになる。

F.4.1　新規に使う場合

　`xrange()`、`itertools`モジュールなどを使って現代的に書けばよいが、パフォーマンスが問題にならない場面では`range()`などを使ってシンプルに書いても問題ない。2to3でPython 3のプログラムに変換すると、`xrange`や`iterXX`の類はシンプ

ルな表記に直してくれるし、range()などで書いてあれば、そのままパフォーマンスが上がる。内包はPython 2.7であれば3同様にlist、dict、setが使える。2.6以前ではリスト内包のみが使用できる。

F.4.2　古いソースを読むとき

経緯がわかっていれば困ることはないはず。多少ごちゃごちゃして見えるが、ごちゃごちゃしたところは現代的に書こうとした部分である。リストをいちいち実物にする古代のコードは、見た目にはとてもわかりやすいので困ることはないはず。

F.5　例外文法が異なり、バリエーションも大きい

例外を送出する raise 文の構文は、2.xでは3種類存在する。また、キャッチする側の except 節の構文は、2.xまでのスタイルに罠がある。さらに文字列例外（BaseExceptionをベースクラスに持たない例外）というものが存在する。

raise文の構文は、2.xでは次の3種類が存在する：

例外とその引数を送出（1）
> raise **例外, 引数**

例外とその引数を送出（2）
> raise **例外(引数)**

例外とその引数と任意のトレースバックを送出（3）
> raise **例外, 引数, トレースバックオブジェクト**

これに対して3.xでは次の1種類だけである：

> raise 例外(引数)

3.xでは引数の取り方を統一したのに加え、例外オブジェクトの__traceback__属性にトレースバックオブジェクトを格納したことで、3種類の構文が統一されている。

except節の構文は、2.xでも3.xでも基本的には

> except 例外:

である。複数の例外を受け取るなら：

```
except (例外1, 例外2...):
```

とタプル化する。例外オブジェクトを変数にバインドするなら:

```
except 例外 as 変数:
```

と as を挟む。ところがこの as は2.x まではカンマ（,）だった。このため、複数の例外をキャッチする except 節で、例外を2つ列挙する場合に

```
except 例外1, 例外2:
```

としてしまうと、キャッチした例外が「例外2」に代入されてしまい、例外2はキャッチされることがない。

　2.x でも 3.x でもうっかり書いてしまうことがないとは言えないこのあたりだが、2.x では文法エラーにならないという恐ろしさがある。

F.5.1　新規に使う場合

　こうしたさまざまは3.0で整理され、2.6にバックポートされている。新規に書く場合は決して「伝統的」な構文を使わず、3.xスタイルで書こう。妙な振る舞いをするときは、意図せず2.xスタイルで書いていることがないか確認する。

F.5.2　古いソースを読むとき

　複数の方法があったことを頭に入れておく。エラーが出てるときは上記をチェックしていただきたい。

F.6　整数除算は整数を返す

整数同士で除算を行うと、フロア除算（**付録A**を参照）が行われる。

F.6.1　新規に使う場合

`from __future__ import division` とする。

F.6.2　古いソースを読むとき

　フロア除算は切り「下げ」なので注意が必要だ。5/2は2.5でなく2、-5/2は-2.5でも-2でもなく-3となる。また、int を float にキャストするために 5/2.0 などと

していることがある。

F.7　その他の旧機能

F.7.1　整数型が2種類あった

Python 2.x までは、int と long（任意の大きさを持つ「長整数」）が区別されていた。普通の整数は int であり、long のリテラルは末尾にL を付けて表記する。3.x では元の int が廃止され、long が int にリネームされ、リテラル末尾のL も無くなった。

F.7.2　どんなオブジェクト同士でも順序比較が可能だった

互換性の無いオブジェクト同士でも id(obj) を比較するのがデフォルトだった。これも3.x では撤廃されている。

F.7.3　更に細かい違い

3.x ユーザーから見た、2.x のみに存在する細かい差異を箇条書きで示す。この項は3.0 の What's new を視点を逆にして書いている。

- super() に引数が必要だった。
- input() で入力した値は即座に評価されていた。
- ビルトインの next() が存在しなかった。
- sys.intern() にあたるビルトイン関数 intern() が存在した。
- apply(f, args) で f(*args) となるビルトイン関数 apply() が存在した。
- callable(f) で hasattr(f, '__call__') となるビルトイン関数 callable() が存在した。
- 旧スタイルクラス向けのビルトイン関数 coerce() が存在した。
- execfile(fn) で exec(open(fn).read()) となるビルトイン関数 execfile() が存在した。
- file「型」が存在し、コンストラクタ関数の file() は open() の代わりによく使われていた。
- 3.0 で functools.reduce() になったビルトイン関数 reduce() が存在した。
- 3.0 で imp.reload() になったビルトイン関数 reload() が存在した。
- ディクショナリのキーの存在テストを行う dict.has_key() が存在した。

索　引

● 著者紹介

Guido van Rossum（グイド・ヴァン・ロッサム）

プログラミング言語 Python の作者。Python の開発プロセス全般に関わり、重要な判断をする存在であることから、Python コミュニティでは「BDFL（Benevolent Dictator for Life)」と呼ばれている。Python のルーツについては、彼自身が 1996 年にこのように書いたとされている――「1989 年の 12 月、クリスマスを過ごすのに、趣味のプログラミングのネタを探していた。（中略）そこで、このところ考え続けていた新しいスクリプト言語のためにインタープリタを書いてみようと思い立った。それは Unix や C 言語のハッカーを魅了していた ABC 言語の子孫だ。Python という名前を選んだのは、作業用の仮の呼び名として、また悪ふざけがしたい気分だったから（『Monty Python's Flying Circus』の大ファンだったからでもある)。」（出展：Wikipedia の Guido van Rossum の項より。https://en.wikipedia.org/wiki/Guido_van_Rossum）この他、Python Software Foundation（PSF）にも彼個人のページ（https://www.python.org/~guido/）がある。

● 訳者紹介

鴨澤 眞夫（かもさわまさお）

昭和 44 年生まれ。大家族の下から 2 番目として多摩川の河川敷で勝手に育つ。航空高専の航空機体工学科に入った頃から一人暮らしを始める。高専を中退して琉球大学の生物学科に入学。素潜り三昧。研究室ではコンピュータと留学生のお守りと料理に精を出す。進化生物学者を目指し redqueen hypothesis まわりの研究をしていたが、DX2-66MHz の超高速マシンを手に入れて Linux や *BSD や OS/2 で遊ぶうち、英語力がお金に換わるようになって、なんとなく人生が狂い始める。大学院を中退後も沖縄に居着き、気楽に暮らしている。日本野人の会名誉 CEO。趣味闇鍋。jcd00743@nifty.ne.jp

Python チュートリアル 第4版

2021 年 1 月 28 日　初版第 1 刷発行
2024 年 10 月 25 日　初版第 4 刷発行

著　　　　者　　Guido van Rossum（グイド・ヴァン・ロッサム）

訳　　　　者　　鴨澤 眞夫（かもさわ まさお）

発　行　人　　ティム・オライリー

制　　　作　　株式会社トップスタジオ

印　刷・製　本　　日経印刷株式会社

発　行　所　　株式会社オライリー・ジャパン

　　　　　　　〒 160-0002　東京都新宿区四谷坂町 12 番 22 号
　　　　　　　Tel　（03）3356-5227
　　　　　　　Fax　（03）3356-5263
　　　　　　　電子メール　japan@oreilly.co.jp

発　売　元　　株式会社オーム社
　　　　　　　〒 101-8460　東京都千代田区神田錦町 3-1
　　　　　　　Tel　（03）3233-0641（代表）
　　　　　　　Fax　（03）3233-3440

Printed in Japan（ISBN978-4-87311-935-9）
乱丁、落丁の際はお取り替えいたします。